全解家装图鉴系列

# 一看就懂的
# 家居配色书

理想·宅 编

中国电力出版社
CHINA ELECTRIC POWER PRESS

## 内容提要

色彩是所有家居设计中最吸引人注意力的元素。色彩案例有千万种，但只有恰当的、明确表现出配色印象的方案才能够引起人们的共鸣。本书以"一看就懂"的形式讲解家居的配色设计，以轻松的版式和丰富的图文相结合，知识点针对性强，避免琐碎、凌乱的叙述形式，无论是家居设计人员还是家装业主，都能够轻松地阅读。

## 图书在版编目（CIP）数据

一看就懂的家居配色书 / 理想·宅编 . — 北京 ：
中国电力出版社 ，2017.1（2017.9 重印）
（全解家装图鉴系列）
ISBN 978-7-5123-9892-4

Ⅰ . ①一… Ⅱ . ①理… Ⅲ . ①住宅 - 室内装饰设计 -
配色 - 图解 Ⅳ . ① TU241-64

中国版本图书馆 CIP 数据核字 (2016) 第 245085 号

中国电力出版社出版发行
北京市东城区北京站西街19号　　　100005　　　http://www.cepp.sgcc.com.cn
责任编辑：曹 巍　　　责任印制：蔺义舟　　　责任校对：王小鹏
北京盛通印刷股份有限公司印刷·各地新华书店经售
2017年1月第1版·2017年9月第2次印刷
700mm×1000mm 1/16· 14印张· 297千字
定价：68.00 元

# 前 言 Preface

　　在所有的家居设计元素中，色彩是最吸引人注意力的一个元素，当我们进入家居空间后，首先吸引我们的就是配色，然后才是造型、材质等其他元素，当一个朴素的家居空间和一个活泼的家居空间先后进入人的视线后，色彩鲜明的空间会让人记忆得久一些。如果配色给人的感觉不舒适，其他的部分再精致，也会让人觉得这个家居空间的装饰设计做得不够好。

　　当我们阅览不同的配色设计时，会发现色彩的组合方案是无穷无尽的。当单独阅览时，会觉得什么配色都很好，但进行家居配色设计时，只有符合配色印象的色彩设计，才能够引起人们的共鸣。所谓配色印象，就是人们对色彩组合的感觉，是清新的、活泼的、女性的还是男性的等，如果男性家居中出现了大量的女性色彩，就会让人觉得很别扭，这就是不成功的配色设计。

　　本书将"一看就懂"作为分类点，包括一看就懂的 ×× 分类、一学就会的配色技巧等，采用了简洁明了的版式，较为轻松的文字搭配，讲解了家居配色的知识，有一般读者需要了解的色彩基本知识，也有按照不同居住人群、不同配色印象以及不同家居风格进行分类的具有针对性的业内配色知识，改变了传统书籍的说教类型，力求做到让读者一看就懂。

编者

# 目 录

## Chapter 6
### 家居配色与装饰风格

## Chapter 5
### 家居空间配色印象

# Chapter 1

# 家居配色的基础知识

# 色彩的三种属性

 配色快照

①配色就是将色彩的要素进行组合的过程，色相、明度、纯度是色彩的三种属性，通过调整色彩的属性，整体配色效果会随之发生改变。

②色相即色彩所呈现出来的相貌，是色彩的首要特征。

③明度指色彩的鲜艳程度，明度越高色彩越明亮，明度越低色彩越暗淡。

④纯度就是饱和度，纯色纯度最高，加入白色或黑色调节均降低。

⑤色相决定居室配色的整体印象，明度、纯度调节差异性。

⑥配色可以从三原色入手，扩展到三间色，掌握这六种颜色更容易掌握色彩的规律。

⑦鲜艳的色彩华丽、欢快，柔和的色彩安静、高雅，了解各种色彩的特点，是配色成功的基础。

## 了解色彩的三种属性是家居配色的基础

在翻阅家居配色案例时，很多业主都会觉得不论哪一种都很好，找不到明确的方向来进行自家的配色设计。家居配色其实就是将色彩的要素进行选择和组合的过程，进行家居配色时，遵循色彩的基本原理，使配色效果符合规律才能够打动人心，熟知色彩的属性、掌握其特点是掌握色彩基本原理的第一步。色彩有三种属性，分别是色相、明度和纯度，调整色彩的任何一种属性，整体配色效果都会发生改变。

▲在墙面、地面的色彩不变的情况下，更改家具的色彩属性，整体配色效果也会发生相应的变化。

**一看就懂的色彩属性分类**

Chapter 1
家居配色的基础知识

色彩对居室环境的影响

不完美配色的调整

家居配色与居住者

家居空间配色印象

家居配色与装饰风格

## ① 色相

色相是指色彩所呈现出来的相貌，是一种色彩区别于其他的色彩的最准确标准，除了黑、白、灰以外所有的色彩都有色相的属性。自然界中的色相都是由三原色即红、黄、蓝演化而来的，把它们两两组合，得出的紫色、绿色和橙色即为三间色，原色与间色组合又得到六个复合色，将这十二种颜色按照圆环排列即得出十二色相环。

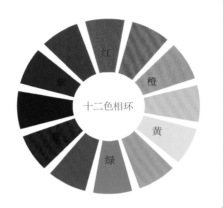

## ② 明度

明度指的是色彩的明亮程度，明度越高的色彩越明亮，反之则越暗淡。白色是明度最高的色彩而黑色是明度最低的色彩。三原色中，明度最高的是黄色，蓝色明度最低。同一色相的色彩，添加白色越多明度越高，添加黑色越多明度越低。在家居配色的运用中，通常来说顶面的颜色比地面明度高，能够使人感觉舒适；反之容易使人感觉压抑。

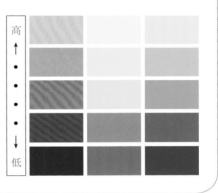

## ③ 纯度

纯度指色彩的鲜艳程度，也叫饱和度、彩度或鲜度。纯色的纯度最高，黑、白、灰这样的无彩色纯度最低，高纯度的色彩无论加入白色还是黑色纯度都会降低。在进行家居配色时，纯度越高的色彩给人的感觉越活泼，加入白色调和的低纯度使人感觉柔和、加入黑色调和的低纯度使人感觉沉稳。

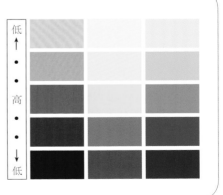

## 色相决定整体印象，明度、纯度制造差异

在进行家居配色时，整体色彩印象是由所选择的色相决定的，例如红色、黄色或红色与蓝色等对比色组合为主色使人感觉欢快、热烈，蓝色或蓝色与绿色等类似色组合为主色使人感觉清新、稳定。而改变一个色相的明度和纯度就可以使相同色相的配色发生或细微或明显的变化。

▲其他部分的颜色完全相同，仅仅更换床品的色彩，蓝色床品的组合使人感觉清新而黄色床品组合使人感觉更温暖。

▲相同黄色系的床品，左图纯度高，给人感觉欢快；右图降低了明度和纯度，明快程度有所降低，更稳定、更温馨。

## TIPS:
### 色相的选择应考虑使用者的因素

在进行家居配色时，首先决定色相，而后决定明度和纯度更不容易出现问题，但居室色彩的设计不能脱离人而独立设计，应将居住者的年龄、性别等因素考虑进去，而后从色彩的基本原理出发进行有针对性的选择。例如老人房选择活泼的色彩，就会使居住者感觉不恰当，不舒适。

**一学就会的配色技巧**

Chapter 1
家居配色的基础知识

色彩对居室环境的影响

不完美配色的调整

家居配色与居住者

家居空间配色印象

家居配色与装饰风格

# 1 色相搭配从三原色开始

色相的种类非常多，仅色相环就可以分为十二色相环、二十四色相环、七十二色相环等，建议配色从最基本的三原色开始，扩展到三间色，掌控这六种色相的特征，就更容易掌握家居配色的技巧。如暖色温暖、积极，而冷色清凉、沉静等。

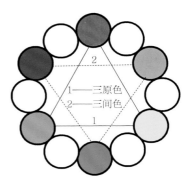

# 2 欢快、华丽的气氛用鲜艳的暖色

不同纯度的色彩给人的感觉是有区别的，鲜艳明亮的暖色给人华丽、欢快的感觉，比灰暗的、柔和的色彩更强势、更具有张力，吸引人的视线，想要让人进入空间就被吸引住视线，可以采用此类色彩。适合年轻人的居室和儿童房。

# 3 高雅的氛围用柔和的色彩

低纯度、没有刺激感的柔和色彩组合，能够表现出朴素、平静、高雅的氛围，比鲜艳的色彩更内敛。适合喜欢平静氛围的居住者和老人房使用。

# 4 根据空间用途搭配色彩

在一个家居空间中，通常有很多不同用途的空间，例如客厅是家人活动较多的空间，多用于聚会、交谈，配色可以适当的活泼一点儿；卧室和书房用来休息和工作，配色就需要显得安静一些。

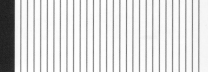

# 了解不同的色系

①根据色彩给人的不同感觉，可将色彩分为冷色系、暖色系、中性色、无彩色等不同色系，掌握了不同色系的特点，就掌握了色彩最基本的规律。

②红色、橙色、黄色为暖色系，适用于空旷的房间或冬季比较寒冷的地区。

③蓝色为冷色系，适用于小空间和人口多的家庭或夏季比较炎热的地区。

④绿色和紫色没有冷暖偏向，为中性色，可根据喜好选择，暗沉的中性色不适合大面积用于小户型中。

⑤无彩色指没有彩度的色彩，如黑、白、灰等，单独使用时多作为背景色，组合使用具有强烈的个性。

⑥配色效果如果能够让人产生共鸣，就是成功的配色。

⑦色系的选择可以结合家庭人口情况及居室户型情况进行具体的选择。

## 色系的种类

不同的色彩给人的感觉是不同的，按照色彩给人的感觉，所有的色彩可以分为两大类：有彩色系和无彩色系。有彩色系指所有的彩色，又可以分为暖色系——红色、橙色、黄色，冷色系——蓝色，中性色——绿色、紫色；无彩色系为黑色、白色、灰色、金色和银色等。顾名思义，暖色系给人温暖、热烈的感觉，冷色系给人清凉、安静的感觉，而中性色则没有明显的冷暖偏向。在进行家居配色时，建议先根据想要塑造的感觉来选择色系，然后再进行具体搭配。

▲暖色系使人感觉温暖、欢快，冷色系使人感觉清凉、冷静是色彩最基本的规律。

# 一看就懂的色系分类

Chapter 1
家居配色的基础知识

色彩对居室环境的影响

不完美配色的调整

家居配色与居住者

家居空间配色印象

家居配色与装饰风格

## 1 暖色系

给人温暖感觉的颜色，称为暖色系。红紫、红、红橙、橙、黄橙、黄、黄绿等都是暖色，暖色给人柔和、柔软的感受。居室中若大面积的使用高纯度的暖色容易使人感觉刺激，可调和使用。

## 2 冷色系

给人清凉感觉的颜色，称为冷色系。蓝绿、蓝、蓝紫等都是冷色系，冷色给人坚实、强硬的感受。在居室中，不建议将大面积的暗沉冷色放在顶面和墙面上，容易使人感觉压抑。

## 3 中性色

紫色和绿色没有明确的冷暖偏向，称为中性色，是冷色和暖色之间的过渡色。绿色在家居空间中作为主色时，能够塑造出惬意、舒适的自然感，紫色高雅且具有女性特点。

## 4 无彩色系

黑色、白色、灰色、银色、金色没有彩度的变化，称为无彩色系。在家居中，单独一种无彩色没有过于强烈的个性，多作为背景使用，但将两种或多种无彩色搭配使用，能够塑造出强烈的个性。

### 让人产生共鸣的色系选择法

成功的配色能够让人产生共鸣，例如粉红色适合女性，如果用在男性空间或书房中就会让人感到不恰当。如果觉得从色相入手进行配色过于盲目、没有选择重点，可以将色系作为配色的基点，结合居住者的喜好、年龄和地理环境的特点，选择对应的色系，确定主色或大的色块，再进行微调。

▲湖蓝色安静、清凉，与白色和棕色搭配，具有坚实感，用在男性空间中更易产生共鸣。

▲小户型多采用白色或浅色，搭配得明快一些，更容易显得宽敞、明亮，若采用深色难免会使人感觉压抑。

**TIPS:**
**中性色调和后可具有冷暖偏向**

中性色可以经过调和而具有冷暖偏向，例如黄绿色就比纯粹的绿色要感觉温暖，蓝紫色就比紫红色清凉一些。在使用中性色及其对比色配色时，可以利用中性色的这个特点来调节色差，红色搭配黄绿色的刺激感比红色搭配绿色要低很多。

 **一学就会的配色技巧**

## ① 结合家庭人口特点选择色系

确定家居空间主色的色系，可以结合居住者的年龄和性别来选择，女性适合红色、粉红色等温暖一些的颜色，男性适合蓝色、灰色等冷静为主的颜色，如果人口年龄跨度大，客厅可以用白色或温馨的淡暖色做主色。

## 2 根据空间特点选色系

并不是所有的户型都是规整、比例恰当的，这些缺陷并不能从建筑上更改，采用色彩来减弱是比较轻松的办法。明亮的冷色具有退后性，适合窄小的空间，暖色具有紧凑性，适合空旷空间或狭长空间的尽头墙面。

## 3 改变明度和纯度，色系不变

无论何种色系，当调整其明度和纯度的时候，给人的整体冷暖感觉并不会发生大的改变。例如选择黄色作为主色，总的印象是温暖的，不喜欢刺激感可以选择淡黄色或者暗黄色。

## 4 无色系组合适合年轻人

无论是黑、白组合还是黑、白、灰组合，都非常个性，若加入金色或银色更时尚、前卫，此种配色方式非常适合年轻人而不适合有老人和孩子的家庭。

## 5 暖色系能够减小空旷感

在进行家居配色时，如果居室很空旷，可以采用暖色系为主色来缓解寂寥的感觉；若所在地区冬季寒冷，将暖色系作为主色，能够让人感觉温暖。

## 6 冷色系能使空间显得宽敞

用冷色系做主色，能使空间显得宽敞，适用于小户型以及人口多的家庭，可以显得安静一些；夏天室内特别炎热的地区，用冷色做主色，能让人感觉清凉。

# 一看就懂的配色实例解析

## ① 暖色系

### 解析：用暖色系做背景。

朱红色的墙面让人感觉亲切，因为使用的面积较大，并没有使用过于暗沉或是特别鲜艳的红色，避免让人感觉压抑和刺激，家具和配饰主要采用黑、白组合，增添一些明快的感觉。

### 解析：用暖色系做点缀。

选择一张接近纯色的明黄色桌子放在用餐空间中，既能够活跃氛围又不会使人感觉过于刺激，相比大面积将纯色用在墙面或地面上，这种点缀的方式更容易让人感觉舒适。

## ② 冷色系

### 解析：窄小空间使用蓝、白组合。

空间比较窄小，以白色做大面积主色，在墙面部分加入一些蓝色渐变条纹，再搭配深蓝色和白色结合的家具，清新而又显得很明亮。

### 解析：淡雅的冷色与暖色结合。

居室的整体面积不大，主色采用了米黄色系和白色组合，塑造出温馨、明快的基调，床品选择淡雅蓝色为主色的款式，使空间显得更清透、宽敞，同时低纯度的冷色还有促进睡眠的作用。

# ③ 中性色

**解析：绿色与紫色结合运用。**

纯正的紫色和绿色没有冷暖偏差，给人的感觉非常中性，将明度略低的两者组合搭配白色和灰色，女性特点就被减弱，充满了力量感。

**解析：用深紫色表现男性特点。**

淡雅的紫色使人想到女性，而暗沉的紫色结合棕黄色，通过色彩及明度的对比给人以力量感，塑造出具有格调感的男性特色空间。因面积不大、主家具使用暗色大部分墙面采用白色。

# ④ 无色系

**解析：白色为主黑色点缀。**

以白色作为主色搭配淡雅的米色系，使空间显得宽敞而整洁，黑色饰品的点缀增加了个性。

**解析：灰色为主白色为辅。**

以淡淡的灰色作为主色，营造出都市、素雅的整体感，为了避免灰色面积大而产生抑郁感，沙发采用了白色，同时点缀了少量的绿色装饰，增加了明快感和一点生机。

**解析：白色为主，黑、灰、银点缀。**

白色被运用在顶面、墙面及主要家具上，塑造出一种纯净的感觉，黑色、亮灰色和银色以穿插的形式加入进来，使整体效果时尚、个性而又不乏尊贵感。

家居配色的基础知识 Chapter 1

色彩对居室环境的影响

不完美配色的调整

家居配色与居住者

家居空间配色印象

家居配色与装饰风格

# 不同色相的意义

①色彩的变化离不开六种基本的色相，加之无彩色的白、黑、灰，每种色相都有其独特的含义，了解它们的含义能够更有针对性地进行家居配色。

②红色喜庆、刺激，能够引发人兴奋、激动的情绪；黄色最明亮，给人欢乐、轻快的感觉。

③蓝色博大、静谧，给人安静、理智的感觉，能够迅速稳定情绪；橙色最温暖，代表华丽、富足。

④绿色宁静、和睦，给人安全、自然的感受；紫色神秘、浪漫，柔和的紫色使人联想到女性。

⑤白色纯洁、洁净；黑色暗沉、神秘；灰色属于两者过渡，沉稳、考究。

⑥根据居住者的职业、性格特点选择相应的色彩，能够起到意想不到的作用。比如蓝色和橙色适合用在书房，红色适合生意人和新婚夫妇等。

## 每种色相都有其独特的意义

所有的色相都是由三原色和三间色演变而来的，即使有数量的增多，也不离其宗。红、黄、蓝、橙、绿、紫这六种色相以及无彩色的白、灰、黑构成了色彩的主体，其中每一种都有其独特的情感意义，了解这些色相让人感受到的不同情感意义，能够更有针对性地根据居住者的性格、职业来选择适合自己的家居配色方案。

▲同样以白色为背景色，搭配绿色使人感觉轻松、自然而搭配蓝色使人感觉理智和清新。

# 一看就懂的色相意义

Chapter 1

家居配色的基础知识

色彩对居室环境的影响

不完美配色的调整

家居配色与居住者

家居空间配色印象

家居配色与装饰风格

## 1 红色

红色象征活力、健康、热情、喜庆、朝气、奔放。人们看见红色会有一种迫近感和心跳加速的感觉，能够引发人兴奋、激动的情绪。它的对比色是绿色，互补色是青色。

## 2 黄色

黄色是一种积极的色相，使人感觉温暖、明亮，象征着快乐、希望、智慧和轻快的个性，给人灿烂辉煌的视觉效果。它的对比色是蓝色，互补色是紫色。

## 3 蓝色

蓝色给人博大、静谧的感觉，是永恒的象征，纯净的蓝色文静、理智、安详、洁净，能够使人的情绪迅速地稳定下来。它的对比色是黄色和红色，互补色是橙色。

## 4 橙色

橙色融合了红色和黄色的特点，比红色的刺激度有所降低，比黄色热烈，是最温暖的色相，具有明亮、轻快、欢欣、华丽、富足的感觉。它的对比色是紫色，互补色是蓝色。

## ⑤ 绿色

绿色具有和睦、宁静、自然、健康、安全、希望的意义，是一种非常平和的色相。是春季的象征，带有生命的含义。它的对比色是紫色，互补色是红色。

## ⑥ 紫色

紫色象征神秘、热情、温和、浪漫以及端庄幽雅，明亮或柔和的紫色具有女性特点。能够提高人的自信，使人精神高涨。它的对比色是绿色和橙色，互补色是黄色。

## ⑦ 白色

白色纯净、整洁、明快、纯真，象征着圣洁、优雅。是明度最高的颜色，能够塑造出优雅、简约、安静的氛围。

## ⑧ 灰色

灰色象征温和、谦让、诚恳、高雅、理智，它具有沉稳、考究的装饰效果，是一种稳重、中性的色彩，具有强烈的都市感。

## ⑨ 黑色

黑色象征深沉、神秘、寂静、悲哀、压抑。用在居室中，具有稳定、庄重的感觉，它可时尚、可古典。

家居配色的基础知识 Chapter 1

色彩对居室环境的影响

不完美配色的调整

家居配色与居住者

家居空间配色印象

家居配色与装饰风格

## 结合色相的意义根据需要选择

了解了不同色相的意义，在选择家居的主要色彩时，就可以具体地选择颜色，例如经商人士希望生意红火一些或新婚人士希望喜庆一些，都可以选择红色为主色；工作繁忙、劳累的人士就可以选择能够稳定情绪，回家后能让心情舒畅的黄色或者绿色。

# 一学就会的配色技巧

## 1 运用红色应避免刺激感

高纯度的红色大面积地使用，容易使人感觉过于刺激，可以作为点缀使用。它具有女性特点。红色与绿色搭配最醒目，与白色组合最明快，搭配黑色最时尚。

## 2 黄色能让人充满动力

用黄色装饰居室，能够给人一种对美好生活的向往，很适合工作特别劳累的人士，能够让人充满动力，也特别适合用在采光不佳的房间中。

## 3 蓝色能够让人冷静

蓝色很适合易怒、工作繁忙的人士，它可以使情绪迅速地稳定，抚慰人的烦躁，同时也适合用在书房等工作空间中。搭配绿色能让人感到更加放松、舒适。

## 4 橙色能够刺激食欲和创造性

橙色具有促进食欲和激发创造性的作用，很适合用在餐厅和工作区域中，如果居室空间不大，建议不要大面积地使用高纯度的橙色，容易使人过于兴奋。

## 5 绿色使人平和、放松

用绿色为主色装饰居室，能够使人感到平和、放松，很适合容易发怒的人。单独使用绿色容易让人感到缺乏情趣，可以增添一些对比色或互补色的点缀色，来活跃氛围。

## 6 紫色最适合塑造浪漫氛围

紫色经过变化能够创造出与众不同的情调，带些红色的深紫色复古、温暖，浅紫色则非常浪漫。紫色是非常个性的色相，适合小面积使用，若大面积使用时，建议搭配具有对比感的色相效果更自然。

## 7 白色凸显宽敞感和整洁感

白色能够扩大空间感，显得整洁，很适合从事医疗行业和喜爱干净的人士，如果大面积地使用白色很容易显得寂寥，可以搭配温和的木色或点缀一点鲜艳色彩。

## 8 灰色时尚而朴素

灰色具有极强的都市感，以淡雅的灰色搭配白色或棕色能够塑造出具有朴素感的氛围；以暗色调的灰色组合其他任何色彩，都具有时尚的感觉。

## 9 黑色

黑色具有高档感，若家居中使用黑色家具，让人感觉具有派头和气质感，黑色是非常具有容纳力的色彩，无论搭配什么颜色，效果都非常协调。

# 用色相环解析色相关系

Chapter 1 | 家居配色的基础知识

色彩对居室环境的影响

不完美配色的调整

家居配色与居住者

家居空间配色印象

家居配色与装饰风格

① 通过色相环能够更直观地了解色相之间的关系，配色时更容易获得想要的效果。

② 相同色相内色彩不同明度及纯度的变化为同相色，例如深蓝色和湖蓝色。

③ 色相环上临近的色相互为近似色，如将蓝色作为基色，90°角以内的色相均为其近似色。

④ 对比色是指在色相冷暖相反的情况下，将一个色相作为基色，120°角位置上的色相为其对比色，该色左右位置上的色相也可视为基色的对比色。

⑤ 在色相环上选择一个色相为基色，与其成180°角的色相为其互补色。

⑥ 居室内所选用色相之间的色彩关系，决定了室内的整体氛围。例如同相色组合平和、稳定；近似色组合仍然稳定但让人感觉层次更突出；对比色组合活泼、华丽；互补色组合最具冲击力、最强烈。

## 通过色相环能更直观地了解色相之间的关系

在浏览配色方案时，看到绿色和紫色组合时，就会感觉虽然有层次但整体很稳定，如果是绿色和紫红色组合，效果就会比绿色和紫色组合更醒目、更活跃，这是因为绿色和紫色是近似色而绿色和紫红色是对比色。色相与色相之间的关系是近似、对比还是互补，通过色相环能够更直观地让人们了解，配色时根据需要的效果进行选择更方便。

▲绿色和紫色组合有层次感但整体效果稳定，绿色和紫红色组合则更活跃、更醒目。

## 1 同相色

　　同相色是指在同一个色相中，在不同明度及纯度范围内变化的色彩，例如深蓝、湖蓝、天蓝，都属于蓝色系，只是明度、纯度不同。

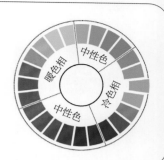

## 2 近似色

　　在色相环上临近的色相互为近似色，具体可理解为以一个色相为基色的情况下，无论几色的色相环，90°角以内的色相均为其近似色。例如以天蓝色为基色，黄绿色和蓝紫色右侧的色相均为其近似色。

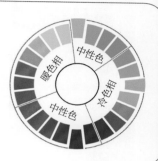

## 3 对比色

　　选择一个色相为基色，在色相环上，色相冷暖相反的情况下，与其成120°角的色相为其对比色。不严格的情况下，该色相左右的色相也可视为基色的对比色相，例如黄色和红色都可视为蓝色的对比色。

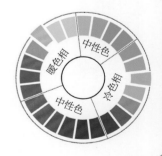

## 4 互补色

　　无论色相环上的色相有多少，以一个颜色为基色的情况下，与其成180°直线上的色相为其互补色。例如黄色和紫色、蓝色和橙色、红色和绿色。

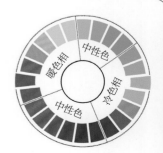

## 色彩关系决定空间氛围

所用色彩之间的关系决定了空间的整体氛围，同相色搭配组合效果内敛、稳定；近似色搭配组合稳重、平静，比前者层次感更明显；对比色组合色相差距大、对比度高，具有强烈的视觉冲击力，活泼、华丽；互补色搭配效果与对比色组合类似，但对比感更强一些。

Chapter 1

家居配色的基础知识

色彩对居室环境的影响

不完美配色的调整

家居配色与居住者

家居空间配色印象

家居配色与装饰风格

▲ 左图用不同明度的粉色组合，浪漫、平和；右图用粉红色和紫色搭配，是近似色组合，仍然很稳定但更活跃一些。

▲ 左图用粉色与蓝色搭配，为对比色组合，效果活泼、华丽；右图橙色与蓝色搭配，为互补色组合，活泼但更醒目。

### TIPS:
#### 用色调来调整刺激度

很多年轻人喜欢活泼的气氛，会选择对比色或互补色组合作为家居主色，又觉得纯色过于刺激，此时可以通过调整色彩的色调来降低刺激感，例如粉色和蓝色组合，可以选择高明度的粉色和蓝色，或者高明度和低明度组合，可以让效果更温和、舒缓一些。

# 家居空间中的色彩角色

①家居空间中的色彩根据它们所占位置的不同可以分为环境色、重点色、辅助色和点缀色四类，环境色面积最大；重点色占据主要位置；辅助色烘托重点色；点缀色活跃整体氛围。

②进行家居配色往往是从环境色开始进行，但特殊情况下也可以先关注重点色，而后搭配环境色。

③重点色是指主要部位家具的色彩，例如沙发、床等，选择环境色的同相色或近似色效果稳定，而选择环境色的对比色或补色则效果活泼、引人注目。

④辅助色的位置围绕在重点色周围，往往与重点色形成一定的差异来烘托重点色，增加层次感。

⑤点缀色分布较散，色彩通常比较鲜艳，以活跃整体气氛。

## 家居空间色彩角色的含义

　　家居空间中的四种角色分别是环境色、重点色、辅助色和点缀色。环境色是指空间中的大面积的色彩，包括墙面、地面、天花、窗帘及大面积的隔断等；重点色指占据空间主要位置的家具组的颜色；一个空间中除了主要家具外，通常还有做陪衬作用的家具，它们的色彩就是辅助色；点缀色指小型的饰品的色彩，例如靠枕、花瓶、灯具、植物、艺术品等。

环境色　点缀色　点缀色　重点色　点缀色　辅助色　环境色　点缀色　辅助色

▲从例图可以看出，墙面、地面配色为环境色，沙发为重点色，辅助性家具为辅助色，其他小面积色彩为点缀色。

一看就懂的色彩角色分类

Chapter 1 家居配色的基础知识

色彩对居室环境的影响

不完美配色的调整

家居配色与居住者

家居空间配色印象

家居配色与装饰风格

## 1 环境色

环境色是空间中面积最大的色彩，因面积上的绝对优势起到支配整体感觉的作用。即使是同一组家具，改变环境色，所给人的感觉也是不同的，因此，进行家居配色环境色应是先关注的地方。

## 2 重点色

重点色是室内大型家具的色彩，面积中等，通常占据中心位置，例如沙发、床等。它的色彩选择有两种方法：一是采用环境色的同相色或近似色；二是选择环境色的对比色或补色。

## 3 辅助色

辅助色的面积要小于重点色，如客厅中的短沙发、茶几、边桌等，它们的色彩通常是作为重点色的衬托，与其保持一定的色相或明度、纯度的差异，使重点色更突出同时丰富整体层次。

## 4 点缀色

若一个空间中只有大块面的色彩未免显得单调，点缀色的作用就是活跃气氛，使家居空间更有生活气息。为了营造生动的氛围，点缀色通常颜色都比较鲜艳，若追求平稳感也可与环境色靠近。

## 色彩的角色并不限于单个颜色

在同一个空间中，色彩的角色并不局限于一种颜色，如一个客厅中顶面、墙面和地面，它们的颜色常常是不同的，但它们都属于环境色。一个重点色通常也会有很多个辅助色来跟随，协调好各个色彩之间的关系也是进行家居配色时需要考虑的。

**TIPS:**

**配色也可从重点色开始**

通常情况下，家居空间的配色都是从环境色开始进行的，先确定墙面色彩，而后天花板、地面、大型隔断等，之后再挑选家具和饰物；当你有一组心仪已久的家具时，也可以让家居配色从重点色开始进行，而后选择墙面、地面和顶面色彩。

▲墙面的淡黄色、墙裙的白色、浅茶色地毯和棕色地板都属于背景色，而墙面、地毯和地板为近似色，整体使人感觉温馨、平稳。

# 一学就会的配色技巧

## 1 柔和的环境色最舒适

背景色中墙面占据人们视线的中心位置，往往最引人注目，墙面采用柔和、舒缓的色彩，搭配白色的顶面及沉稳一些的地面，最容易形成协调的环境色，易被大多数人接受。

## 2 鲜艳的环境色个性、浓烈

与柔和的环境色氛围相反，墙面采用高纯度的色彩为主色，会使空间氛围显得浓烈、动感，很适合追求个性的年轻业主。需要注意顶面、地面的色彩需要舒缓一些，这样整体效果会更舒适。

## ③ 根据氛围选择重点色

环境色确定后，根据想要塑造的氛围来选择重点色更容易达成目标，采用环境色同相色或近似色的重点色，能够塑造出稳定、舒缓的空间氛围；采用环境色的对比色或补色，能够塑造出具有活力感的氛围。

## ④ 调节明度对比来增加层次感

很多人都会选择白顶、白墙的配色方式，同时追求平和的氛围，选择浅色系的沙发，这样虽然很温馨，但层次很容易不明显，可以拉大重点色和环境色的明度差来增加层次感，选择明度和纯度低一些的主家具。

## ⑤ 重点色活跃白色墙面最安全

DIY家居配色时若感觉对配色掌控不佳，且喜欢鲜艳的色彩，可以选择活跃一些的重点色和点缀色，墙面使用白色或接近白色的浅色，更容易获得协调的效果。

## ⑥ 环境色强则重点色弱

当墙面选择高纯度的活跃感色彩时，它本身就会非常吸引眼球，如果没有很好的配色知识，建议选择重点色柔和一些的色彩，用强、弱对比与其抗衡。

## ⑦ 辅助色的面积要控制

辅助色与重点色的色相差大一些更容易获得层次感丰富的整体效果，但通常辅助色所在的物体数量会多一些，需要注意控制住它的面积，不能使其超过重点色。

# 色相型色彩组合

① 一个家居环境中通常不会只使用一种色相，会选择至少3种色相进行组合，这些色相之间的组合方式称为色相型。

② 色相型可分为闭锁类和开放类两个大的类别，同相型和近似型属于闭锁类；开放类包括互补型、对比型、三角型、四角型和全相型。

③ 在色相环上，距离越近的色相组合起来所形成的色相型越闭锁，距离越远的色相组合起来形成的色相型越开放。同时所采用的色相数量越少越闭锁，数量越多越开放。

④ 闭锁类的色相型用在家居空间中能够塑造出平和的氛围。

⑤ 开放型的色相型色彩数量越多越自由、越活泼。

## 什么是色相型

色彩不可能是单独存在的，通常一个家居空间中会采用至少3种色彩进行搭配，在进行色彩组合时，所使用的色相的组合方式称为色相型。不同的色相型所塑造的效果也不同，总体可以分为开放和闭锁两种感觉。在家居空间中，面积较大的色彩有环境色、重点色和辅助色这三种，它们的色相型基本上决定了空间的整体感觉是开放还是闭锁。

▲ 左图白色占据大面积，床和墙面属于近似色，整体感闭锁；右图用蓝色组合粉红色、黄色、橙色，整体感开放。

# 一看就懂的色相型分类

Chapter 1 家居配色的基础知识

色彩对居室环境的影响

不完美配色的调整

家居配色与居住者

家居空间配色印象

家居配色与装饰风格

## 1 同相型·近似型

　　同相色组合的配色形式为同相型，近似色组合的配色形式为近似型，两者的效果都属于闭锁类，能够塑造出稳重、平静的氛围，近似型比同相型要更为开放一些。

## 2 互补型·对比型

　　互补色相组合为互补型、对比色相组合为对比型，都具有很强烈的视觉冲击力，效果属于开放类，能够营造出具有活力感、健康、华丽的氛围，对比型要比互补型效果缓和一些。

## 3 三角型·四角型

　　在色相环上，能够连线成为正三角形的三种色相进行组合为三角型配色，如红、黄、蓝；两组互补型或对比型配色组合为四角型。三间色组成的三角型比三原色要缓和一些，四角型醒目又紧凑。

## 4 全相型

　　在色相环上，没有冷暖偏颇地选取5~6种色相组成的配色为全相型，它包含的色相很全面，形成一种类似自然界中的丰富色相，充满活力和节日气氛，是最开放的色相型。

## 色相环上距离越近越闭锁、越远越开放

通常情况下，是以重点色为中心来确定配色的色相型，但少数情况下，也可将环境色中的墙面色彩作为中心来决定色相型。将色相型以色相环来体现可以看出，在色相环上将距离越近的色相进行组合所形成的色相型越闭锁，距离越远的色相组合越开放；且色相数量越少的组合越闭锁，而数量越多的效果越开放、华丽。

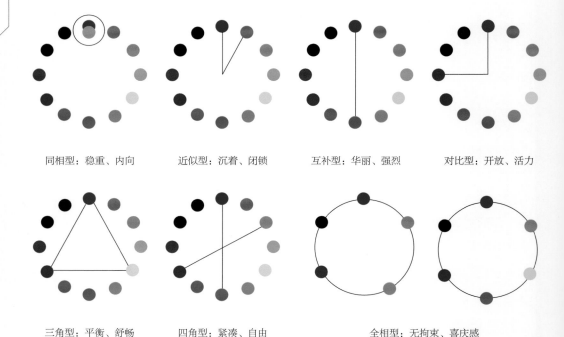

同相型：稳重、内向　　近似型：沉着、闭锁　　互补型：华丽、强烈　　对比型：开放、活力

三角型：平衡、舒畅　　四角型：紧凑、自由　　　　　全相型：无拘束、喜庆感

 **一学就会的配色技巧**

## ① 稳重、平和的氛围用闭锁类

追求稳重、平和的氛围，可以采用闭锁类的色相型，但此类搭配容易让人感觉单调，不建议大面积使用，很容易让人感觉乏味。可以在小范围内使用，例如重点色和辅助色采用此类配色，环境色和点缀色采用柔和一些的色彩，让整体平和中带有层次感。

## ② 四角型具有吸引力

将两组对比色或互补色组合，能够形成极具吸引力的效果。在强烈撞击之中，暖色的扩展感与冷色的后退感都表现得更加明显，冲突也更激烈，此时需要注意避免搭配得过于混乱，可以减低其中一种颜色的纯度或明度。

## ③ 小空间不宜大面积使用全相型

在面积较小的家居空间中，不建议大面积地使用全相型，容易让空间看起来喧闹、拥挤，特别是墙面部分，若喜欢全相型可以环境色采用白色或浅色为主，重点色、辅助色及点缀色小面积地组成全相型，且若室内采光不佳，重点色不宜太鲜艳。

## ④ 无色系具有很强的容纳力

无色系能够很好地容纳具有开放感的色相型。例如将四角型用在灰色沙发上的一组靠垫上，既能够活跃空间氛围，又不会让人觉得过于刺激和突兀。若喜欢彩色系的家具，可以选择无色系的环境色，例如白墙、白顶、黑色的地毯等。

## ⑤ 多色型组合可巧妙运用

三种色相以上的组合可视为多色型组合，将此类色相型用在点缀色上，比起用作背景色及主角色，更易让人接受；若做背景色可用在地面上，例如现在新型的彩色地板，或者彩色花纹的地毯，搭配白色墙面和简单的家具就非常具有装饰性。

家居配色的基础知识　Chapter 1

色彩对居室环境的影响

不完美配色的调整

家居配色与居住者

家居空间配色印象

家居配色与装饰风格

# 一看就懂的配色实例解析

## ① 同相型 · 近似型

**解析：重点色及辅助色组成的同相型。**

客厅中心区域的沙发组及茶几均采用了棕色系，给人非常沉稳的印象，当重点色和辅助色选择同相型并采用低明度时，能够给人力量感。

**解析：米黄色与绿色搭配的近似型。**

米黄色的墙面和地面塑造出温馨的整体氛围，选择一组绿色的餐椅作为辅助色与作为重点色的金色餐桌进行组合，增添了低调的华美感和清新感。其中辅助色与环境色为近似型配色，给人平和、舒缓的整体感。

## ② 互补型 · 对比型

**解析：绿色与紫色结合运用。**

环境色选择明度略低的绿色搭配无色系的重点色和辅助色，稳重但略显呆板，用少量的红色作为点缀色加入进来与绿色形成互补型，增添了活力。

**解析：蓝色与对比色黄色组合。**

当降低色相的明度及纯度再进行组合时，即使是对比型，刺激感也会有所降低。蓝灰色与深黄色组合，既满足了活跃、舒畅的氛围，又不会让人感觉过于激烈。

# ③ 三角型·四角型

**解析：蓝色、红色及黄色组成的三角型。**

环境色中的墙面和地面选择了蓝色和黄色，构成了对比型，重点色用深棕色凸显其主体地位，点缀色加入红色使整体变为三角型，更开放。

**解析：调节明度及纯度构成的四角型。**

地毯和沙发组采用了四角型配色，花色地毯用黄色和红色为主色，组合深蓝紫色的主沙发和深草绿色的单人沙发，具有动感的同时又非常平衡，避开了高纯度色彩降低了视觉冲击力。

# ④ 全相型

**解析：全相型作为点缀色。**

鲜艳的全相型作为点缀色与白色和深蓝色搭配，使单调的色彩印象变得活跃、欢快起来。

**解析：背景色与点缀色构成全相型。**

将视觉中心的墙面涂刷成黄绿色，搭配白顶、白地给人一种舒畅、惬意的整体感，沙发组合茶几都以白色为主，与墙面互相衬托显得整洁、明快，点缀以与墙面形成全相型的靠垫，增添了喜庆感。

**解析：以白色为环境色容纳全相型。**

白色是具有容纳力的色彩，采用白墙、白地和白色沙发，使小空间显得宽敞、整洁，但未免呆板、单调，于是增加了一组全相型的点缀色，塑造出了无拘束、欢畅的效果。

# 色调型色彩组合

①色调与色调的组合形式称为色调型，色调是指色彩的浓淡、强弱程度，通常可以分为纯色调、明色调、淡色调、浓色调、明浊色调、微浊色调、暗浊色调和暗色调。

②色调型主导配色的情感意义，一个家居空间中即使采用了多个色相，只要色调一致，也会使人感觉稳定、协调。

③采用多个色调组合才能够塑造出丰富、自然的层次感，避免单调、乏味。

④不同色调传达不同的情感意义，例如纯正的红色火热、暗红色厚重复古、淡红色柔和。

⑤暖色相搭配纯色调最具活力感，也最刺激；明色调和明浊色调适合大众，没有特别的个性；浊色调大面积使用适合表现男性特点；暗色调使用需要控制面积。

## 什么是色调型

　　色相型是色相与色相的组合形式，而色调型则是指色调与色调的组合形式。色调指色彩的浓淡、强弱程度，由明度和纯度组成。常见的色调有鲜艳的纯色调、接近白色的淡色调、接近黑色的暗色调等。可以说色相组合主导整体氛围，而色调组合影响色彩情感，一个空间中即使采用了很多色相搭配，只要色调的浓淡一致，最终效果也会有协调的感觉。

▲左图色调较少，整体感觉闭锁、平稳，略显单调；右图为多色调组合，虽然使用的色相少，但层次感依然很丰富。

# 一看就懂的色调型分类

Chapter 1 家居配色的基础知识

色彩对居室环境的影响

不完美配色的调整

家居配色与居住者

家居空间配色印象

家居配色与装饰风格

## 1 纯色调

没有加入任何黑、白、灰进行调和的最纯粹的色调，纯色调最鲜艳，由于没有混杂其他颜色，所以给人感觉最活泼、健康、积极，具有强烈的视觉吸引力，比较刺激。

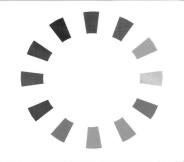

## 2 明色调

纯色调中加入少量的白色形成的色调为明色调，鲜艳度比纯色调有所降低，但完全不含有灰色和黑色，所以显得更通透、纯净，给人以明朗、舒畅的感觉。

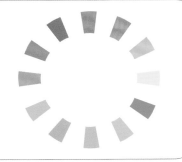

## 3 淡色调

纯色调中加入大量白色形成的色调为淡色调，纯色的鲜艳感被大幅度的减低，活力、健康的感觉变弱，同样没有加入黑色和灰色，显得甜美、柔和而轻灵。

## 4 浓色调

纯色中加入少量的黑色形成的色调为浓色调，健康的纯色调加入黑色，表现出力量感和豪华感，与活泼、艳丽的纯色调相比，更显厚重、沉稳、内敛，并带有一点素净感。

## 5 明浊色调

淡色调中加入一些明度高的灰色形成的色调为明浊色调，具有都市感和高级感，能够表现出优美而素净的感觉。

## 6 微浊色调

纯色加入少量灰色形成的色调为微浊色调，它兼具了纯色调的健康感和灰色的稳定感，能够表现出具有素净感的活力，比起纯色调刺激感有所降低，很适合表现自然、轻松的氛围。

## 7 暗浊色调

纯色加入深灰色形成的色调为暗浊色调，它兼具了暗色的厚重感和浊色的稳定感，具有沉稳、厚重的感觉。能够塑造出自然、朴素的氛围及男性色彩印象。

## 8 暗色调

纯色加入黑色形成的色调为暗色调，是所有色调中最为威严、厚重的色调，融合了纯色调的健康感和黑色的内敛感。能够塑造出严肃、庄严的空间氛围。

## 多色调组合更自然、更丰富

一个家居空间中即使采用了多个色相，但色调一样也会让人感觉很单调，且单一色调也极大地限制了配色的丰富性。通常情况下，空间中的色调都不少于3种，背景色会采用2~3种色调，重点色为1种色调，辅助色的色调可与重点色相同，也可作区分，点缀色通常是鲜艳的纯色调或明色调，这样才能够组成自然、丰富的层次感。每种色调都有其独特的情感表达，将它们结合起来就能够传达出想要营造出的情感印象。

▲左图和右图均为同相型组合，可以看出即使采用同相型配色方式，只要色调丰富也不会让人感觉过于单调。

▲以无色相的黑、白、灰为主的空间中，采用不同色调的组合，也能够使人感受到丰富、自然的层次。

> **TIPS:**
> **色彩的情感意义**
>
> 　　色调主导色彩的情感意义，所谓的情感意义就是指一种色彩给人的感觉，例如纯正的红色让人感觉热烈、火热，而深红色则倾向于复古、厚重，淡红色则更为柔和；用女性比喻来说纯色调的红色热情、深色调的红色成熟而淡色调的红色温柔。

# 一学就会的配色技巧

## 1 让活力感加成

红、橙、黄等暖色相能够使人感觉到活力和热情，这是指这个色相的整体印象，如果想要让活力感加成，则需要选择该类色相的纯色调，才能够使人感觉到出鲜明、醒目、热情、健康、艳丽的印象。

## 2 明色调和淡色调适合大众

明色调和淡色调属于没有太强个性的色调，很适合大众，无论是年轻的两口之家，还是有老人和孩子的家庭，都可以适当地用一些明色调来点缀，而淡色调更适合大面积地作为环境色使用。

## 3 浊色调大面积用很适合男性

无论是明浊色调、微浊色调还是暗浊色调，都带有都市、素净的特点，大面积使用很适合用于单身男性的空间，其中暗浊色调建议作为重点色或地面环境色，不建议大面积地用于墙面部分，容易让人感觉压抑。

## 4 使用暗色调需控制面积

在家居空间中使用暗色调需要掌控好面积，如果空间采光好且宽敞，可以将暗色调用在墙面上，但重点色的色调差应相差的大一些，效果会更舒适。如果空间面积较小，暗色调更建议用在地面或者辅助色上。

# 一看就懂的配色实例解析

Chapter 1 家居配色的基础知识

色彩对居室环境的影响

不完美配色的调整

家居配色与居住者

家居空间配色印象

家居配色与装饰风格

## ① 纯色调·明色调

**解析：墙面环境色为纯色调。**

纯色调的黄色墙面渲染出如阳光般温暖而又活泼的氛围，选择白色的重点色及蓝色为主的点缀色与其搭配，通过色相及色调对比加强了明快感。

**解析：墙面环境色与点缀色为明色调。**

居室中位于中心位置的墙面选择了明色调的蓝色，配以白色的沙发以及同色相微浊色调的辅助色，清新中带有明快感，加入与蓝色为对比色的明色调粉红色做点缀色，增加了配色的开放感，虽然是对比色，但明度接近，活泼但不刺激。

## ② 淡色调·明浊色调

**解析：辅助色为淡色调。**

用淡色调的淡蓝色椅子搭配明浊色调的浅米灰色餐桌，使人感觉纯净而天真，为了避免过于寡淡，以少量明色调的橙色和蓝色做点缀。

**解析：环境色和重点色为明浊色调。**

明浊色调用在了墙面及沙发部分，作为环境色和重点色，占据了空间中的面积优势，塑造出高雅、素净且具有内涵感的整体氛围，少量微浊色调蓝色的加入，丰富了层次，也增加了一丝稳重感。

## ③ 微浊色调 · 浓色调

**解析：辅助色和部分环境色为微浊色调。**

紫色属于中性色，选择微浊色调的紫色用在床品上，搭配暗色调的棕色窗帘和家具，塑造出素雅、温和的色彩印象。

**解析：部分环境色与重点色为浓色调。**

环境色中的部分墙面和地面以及重点色的班台均选择了浓色调，塑造出厚重、复古的感觉，为了减轻浓色调的沉重感，大面积地使用了白色来融合，意图通过色调之间的明、暗对比来增加一些明快的感觉。

## ④ 暗浊色调 · 暗色调

**解析：背景色中的墙面色为暗浊色调。**

空间中采光很好，临窗的电视墙面积不大，因此即使采用了暗浊色也不显得暗沉，反而为空间中增添了一些高雅、稳重的感觉。

**解析：重点色为暗色调。**

重点色选择暗色调适合各种面积的空间，若同时采用白色或者接近白色的淡色调墙面，通过色调之间的对比，能够增加明快感，且显得更加干净、舒适。最后加入少量明色调的点缀色，综合了暗色调的暗沉感。

# 配色的数量

Chapter 1

家居配色的基础知识

色彩对居室环境的影响

不完美配色的调整

家居配色与居住者

家居空间配色印象

家居配色与装饰风格

**配色快照**

①除了色相和色调外，配色的数量也对最终效果有着约束力。

②配色数量越多给人的感觉越具有活力，配色数量越少给人感觉越实用、内敛。

③配色数量可分为少数色和多数色，三种色相以下组合为少数色，五种色相以上组合为多数色，三色和四色位于两者中间。

④配色数量并不完全等同于色相型，无色系的黑、白、灰等在计算配色数量时也涵盖在数量内。

⑤追求欢快的氛围，可以将无色系做环境色，色彩数量越多氛围越欢快。

## 配色的数量也约束配色效果

色相、色调是配色时需要综合考虑的两个要素，同时对配色效果有约束力的还有配色的数量，它也能够影响最终效果。举例来说全相型就比三角型要更开放、更活泼，由此可见一组配色采用的色彩数量越多效果越自然、越开放，而色彩数量越少效果越执着。一般情况下，三种色相及以下可视为少数色，五种色相以上视为多数色。

▲同样用蓝绿色与无色系组合的情况下，色彩数量多的右图比色彩数量少的左图要更舒展、更自然。

# 一看就懂的配色数量分类

## ① 少数色

最常见的是双色组合，例如近似色、对比色或互补色的搭配，虽然后面两种比前一种开放感有所增加，但总的来说它们都具有执着、洗练、实用的感觉。

## ② 多数色

五种以上的色相搭配组合就形成了前面讲过的全相型配色，能够完全形成自由的、不受拘束的自然氛围，远离使用感和都市韵味，色相越多这种韵味越浓郁。

## 介于少数色与多数色之间的配色

三色和四色组合是介于少数色与多数色之间的配色，最典型的代表是三角型和四角型配色，它们相比少数色而言，开放感有所增强，实用性有所减弱；但对比多数色来说，因为配色数量减少氛围却显得更冷清一些。

### TIPS:
### 配色数量不完全等同于色相型

配色的数量并不完全与色相型相同，例如无色系中的三种色相，在色相型中并不计算在内，但计算配色数量时，却涵盖在内。举例来说，白色为环境色的情况下，重点色使用紫色而辅助色使用黄色从色相型角度来说为互补型，但色彩数量却是三种。

▲配色采用了四种色相，蓝色、灰色、白色和浅棕色，比起少数色层次感更丰富，但比起多数色来说却仍然具有洗练的感觉。

# 一学就会的配色技巧

Chapter 1 家居配色的基础知识

色彩对居室环境的影响

不完美配色的调整

家居配色与居住者

家居空间配色印象

家居配色与装饰风格

## 1 少数色适合多人口家庭

人口比较多的家庭年龄跨度较大，少数色具有安定感，非常适合大众，很适合用在公共空间中，例如客厅、餐厅等。对于同时有老人和孩子的家庭来说，如果选择对比色，可以调节所用色相的色调，避免刺激感。

## 2 多数色个性强烈

色彩数量越多，配色效果越个性，特别是在使用部分纯色调或明色调的情况下，能够营造出喜乐的气氛，使人心情愉悦。此类配色很适合年轻的居住者，例如单身人士、夫妇或三口之家。

## 3 无色系背景下彩色越多越欢快

在遇到节日时，很多家庭都会将家里布置得喜庆一些，以衬托出欢快的气氛。若将无色系作为环境色，使用的色彩越多氛围就越欢快。例如白色墙面、白色沙发，所使用色彩的特点就会显得特别突出。

## 4 多数色用在墙面可依托于材质

多数色搭配尽量避免出现在顶面上，容易使空间失去重心，呈现出上重下轻的情况；小空间不适合大面积出现在墙面上，可以做局部点缀或者依托于材质，例如彩色条纹壁纸，当多色依托于图案时，可以分化每种色彩的面积，减弱其对空间的影响。

# Chapter 2

# 色彩对居室环境的影响

用配色调整空间

用图案调整空间

配色与居室环境

配色与空间重心

配色与家居材料

配色与照明影响

# 用配色调整空间

①不同的色相、同色相不同明度纯度的色彩都具有能够调节空间感的特性，它们或能使空间变得宽敞，或能够使空间具有紧凑感。

②色彩可以根据它们对空间的作用分为前进色、后退色；膨胀色、收缩色；重色和轻色。

③前进色能够使物体看起来有向前的感觉，后退色与其相反；膨胀色能使物体的体积或面积看起来膨胀，收缩色与其相反；重色具有下沉感、轻色具有上升感。

④利用色彩对空间的不同作用，可以使户型有缺陷的家居空间从视觉上变得更协调。

⑤窄小的空间适合以后退色或收缩色为主色，宽敞的空间适合以前进色和膨胀色为主。

⑥轻色用在天花板上、重色用在地面上能够使空间看起来更高，反之能够降低空间高度感。

## 用配色调整空间面积和高度

很多业主为了保持新鲜感，经常会给家"换装"，这时候会发现环境色不变的情况下，仅改变大件家具的颜色例如沙发套从冷色换为暖色，也可以让整个空间变得更宽敞或更紧密。由此可以看出，色彩能够让空间的比例发生改变，有的色彩具有膨胀效果而有的色彩具有收缩效果，利用它们的这些特性，对布局不合理的户型，可以利用色彩对空间的面积和高度进行调节。

▲同一个空间，在家具款式基本不变的情况下，改变配色方案，就会让空间看起来完全不同。从左起，配色方案越来越使空间显得紧凑。

# 一看就懂的色彩对空间的作用

## 1 前进色

将冷色和暖色放在一起对比可以发现，高纯度、低明度的暖色相有向前进的感觉，所以将此类色彩称为前进色。前进色适合在让人感觉空旷的房间中用作环境色，能够避免寂寥感。

## 2 后退色

与前进色相对的，低纯度、高明度的冷色相具有后退的感觉，称为后退色。后退色能够让空间看起来更宽敞一些，非常适合在小面积空间或非常狭窄的空间用作环境色。

## 3 膨胀色

膨胀色顾名思义，就是能够使物体的体积或面积看起来比本身要膨胀的色彩，高纯度、高明度的暖色相都属于膨胀色。在略有空旷感的家居中，使用膨胀色的家具，能够使空间看起来更充实一些。

## 4 收缩色

收缩色是指使物体体积或面积看起来比本身大小有收缩感的色彩，低纯度、低明度的冷色相属于此类色彩。在窄小的家居空间中，使用此类色彩的家居，能让空间看起来更为宽敞。

家居配色的基础知识

Chapter 2 色彩对居室环境的影响

不完美配色的调整

家居配色与居住者

家居空间配色印象

家居配色与装饰风格

## ⑤ 重色

有些色彩让人感觉重量很重，有下沉感，而有的色彩让人感觉轻，有上升感。感觉重的色彩称为重色，相同色相深色感觉重，相同纯度和明度的情况下，冷色系感觉重。

## ⑥ 轻色

与重色相对应的，使人感觉轻、具有上升感的色彩，称为轻色。相同色相的情况下，浅色具有上升感，相同纯度和明度的情况下，暖色感觉较轻，有上升感。

## 通过对比让色彩特点更明确

将色相、明度和纯度结合起来对比，会将色彩对空间的作用看得更明确一些。暖色相和冷色相对比，前者前进、后者后退；相同色相的情况下高纯度前进、低纯度后退，低明度前进、高纯度后退。暖色相和冷色相对比，前者膨胀、后者收缩；相同色相的情况下高纯度膨胀、低纯度收缩，高明度膨胀、低明度收缩。

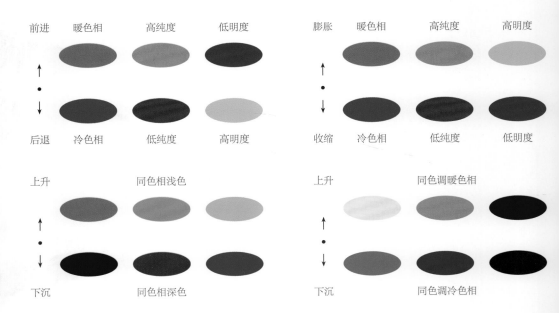

# 一学就会的配色技巧

家居配色的基础知识

Chapter 2 色彩对居室环境的影响

不完美配色的调整

家居配色与居住者

家居空间配色印象

家居配色与装饰风格

## 1 后退色和收缩色能变大空间

想要把小空间"变大",就需要选择后退色和收缩色,从视觉上使空间更宽敞。用浅色调或偏冷色的色调,把四周墙面和天花板甚至细节部分都漆成相同的颜色,空间会产生层次延伸作用,顿时就能变得宽敞。

## 2 用收缩色调整狭长空间

在特别狭窄的空间里,饱满和凝重的收缩色,可用在尽头的墙面上,或者在远距离的地方使用收缩色的家具,都能够从视觉上缩短距离感,两侧墙面用膨胀色,能够使空间的整体视觉比例更协调。

## 3 膨胀色和前进色能够减小面积

除了面积特别大的户型外,还有很多户型中部分空间的面积特别大,显得很空旷。可以将膨胀色或前进色用作环境色或重点色,其他部分的色彩与其做明度或色相的对比,来减少空旷感。

## 4 浅色在上深色在下可拉高房间

对于高度特别矮的空间,将浅色放在天花板上、深色放在地面上,使色彩的轻重从上而下,层次分明,用提升和下坠的对比,也会从视觉上产生延伸的效果,使房间的高度得以提升。

**一看就懂的配色实例解析**

## ① 前进色·后退色

**解析：低纯度中性色的前进色。**

深绿色虽然是中性色，但纯度低，属于前进色，使墙面有种向前走的感觉，使空间面积缩小，具有紧凑感，搭配白色和红色增加了明快感。

**解析：高明度冷色系的后退色。**

选择浅蓝色涂刷墙面，它属于冷色相、高明度，具有后退感，使空间看起来更宽敞。搭配同色相不同明度的蓝色和白色，增强了蓝色清新、舒爽的感觉。

## ② 膨胀色·收缩色

**解析：高明度暖色的膨胀色。**

无色系为主的空间中，选择明黄色作为重点色，用其膨胀感的特点，使空间看起来更充实，减少了无色系的冷硬感。

**解析：低明度冷色相的收缩色。**

深蓝灰色的沙发属于收缩色，与白色的墙面和同色系窗帘搭配，使空间看起来更为宽敞、整洁，为了避免过于冷清，同时加入了米色系地毯和小件家具，使整体效果避免了样品屋的呆板，更具生活气息。

# 用图案调整空间

家居配色的基础知识

Chapter 2 色彩对居室环境的影响

不完美配色的调整

家居配色与居住者

家居空间配色印象

家居配色与装饰风格

①同色彩一样，图案也能够对空间比例产生影响，例如竖条纹和横条纹，可以从视觉上拉伸房间的高度和宽度。

②相比较来说，大花纹的图案具有膨胀感，能够充盈空间，适合大面积空间；小图案具有收缩性，能够使空间显得更为宽敞。

③竖向条纹具有垂直方向的延伸感，能够拉高房间的高度，同时使宽度变小；横条纹具有水平方向的延伸感，能够拉长墙面的长度，同时使高度变矮。

④空旷的房间适合采用大花纹图案，小房间适合选择小花纹图案；当空间感觉十分低矮时，可以大面积地使用竖向条纹，如果竖向和横向比例相差不多，可以将竖条纹用在一面墙上。

## 图案对空间大小产生影响

与前进色、后退色等色彩一样，壁纸、窗帘、地毯等软装饰的图案同样能够对空间产生影响。在同一个居室空间中，我们能够发现，即使是同样色彩组合的壁纸，选择竖条纹和横条纹，能够对空间产生不同的影响。

▲ 左图的竖条纹图案用在墙上使房间的高度有拉伸感；右图横条纹用在墙面上使墙面看起来长度有所增加。

# 一看就懂的用图案调整空间

## ① 大花纹缩小空间

大花纹的壁纸、窗帘、地毯等，具有压迫感和前进感，能够使房间看起来比原有面积小，特别是在此类花纹采用前进色或膨胀色时，此种特点会发挥到极致。

## ② 小图案扩大空间

小图案的壁纸、窗帘、地毯等，具有后退感，视觉上更具纵深，相比大图案来说，能够使房间看起来更开阔，尤其是选择高明度、冷色系的小图案时，能最大限度地扩大空间感。

## ③ 竖条纹拉伸高度

竖向条纹的图案强调垂直方向的趋势，能够从视觉上使人感觉竖向的拉伸，从而使房间的高度增加，很适合房高低矮的居室，但也会使房间显得狭小，小户型不适合多面墙使用。

## ④ 横条纹延伸宽度

横向条纹的图案强调水平方向的扩张，能够从视觉上使人感觉墙面长度增加，使房间显得开阔，很适合长度短的墙面，但同时也会让房间看起来比原来矮一些。

## 一学就会的配色技巧

家居配色的基础知识

Chapter 2 色彩对居室环境的影响

不完美配色的调整

家居配色与居住者

家居空间配色印象

家居配色与装饰风格

### ① 空旷的房间适合大花纹图案

当房间让人感觉特别空旷，除了用膨胀色或前进色等调节外，还可以使用一些大花纹图案的软装饰与色彩结合，最常见的是壁纸，也可用窗帘和地毯，若使用布艺沙发，沙发套甚至也可以使用大花纹图案。

### ② 部分墙面使用条纹特点不会过强

竖条纹壁纸能够拉高高度、横条纹壁纸能够拉伸宽度，但同时也会降低墙面宽度和墙面高度，在运用时，如果房间的宽度尚可，高度特别矮小，可以选择一面墙或者窗帘选择竖条纹，横条纹亦然。

### ③ 大面积使用条纹能增强特点

除了面积特别小的户型外，还有很多户型中部分空间的面积特别大，显得很空旷。可以将膨胀色或前进色用作环境色或重点色，其他部分的色彩与其做明度或色相的对比，来减少空旷感。

---

### ⊺IPS：
#### 面积对色彩的影响

同样的色彩，随着面积的改变，其自有的特点也会发生变化。例如面积越大，明亮的颜色会显得更为明亮、鲜艳；暗调的色彩也会显得越为阴暗。在选择家居材料的色彩时，通常是通过小块的样品来选择的，应将这一点考虑进去，避免与心理预期目标差异过大。

# 一看就懂的配色实例解析

## ①大花图案

**解析：素雅的大花用在墙面。**

素雅的大花图案依然具有膨胀性，但比起纯色或深色的大花图案膨胀程度有所减轻，用在一面墙上与棕色系家具组合，使空间紧凑而不拥挤。

**解析：冷色系大花用在地面。**

顶面、墙面及家具都以白色为主，看起来未免显得有些空旷，加入一张蓝紫色的大花地毯，虽然是冷色系但大花图案依然具有膨胀感，利用这个特点降低了白色的空旷感，比起暖色来说冷色放在地面更低调，更符合整体诉求。

## ②小花图案

**解析：浅蓝灰色小花图案用在墙面。**

空间面积较小，用白底蓝灰色小花的壁纸装饰墙面既丰富了层次感，又不具有膨胀性，不会从视觉上减少空间的面积。

**解析：淡黄色碎花图案用在墙面。**

白底的淡黄色碎花壁纸用于墙面，比起纯白色的墙面来说仍然具有白色扩展空间的作用，但同时又有白色不具备的装饰性，再搭配同色相的软装饰，纯真、甜美。

家居配色的基础知识

Chapter 2
色彩对居室环境的影响

不完美配色的调整

家居配色与居住者

家居空间配色印象

家居配色与装饰风格

# ③ 竖条纹图案

**解析：竖条纹图案用在墙面。**

整体来看，空间的长宽比例不协调，墙面采用浅灰色的竖条纹壁纸，从比例上拉高了房间的高度，由于宽度足够，即使大面积使用竖条纹也不会感觉宽度减少过多，反而比例更舒适。

**解析：竖条纹图案用在沙发上。**

当墙面有造型存在时，使用竖条纹的壁纸通常会被打断，若空间的比例不是特别失衡，可以选择竖条纹图案的沙发，同样能够拉高房间的高度，但与整面墙使用竖条壁纸不同，这样的方式不会从视觉上减少墙面的宽度。

# ④ 横条纹图案

**解析：横条纹图案用在墙面上。**

房间中的开间和纵深相比来说，开间方向的墙面长度短一些，将横条纹用在该墙面上，从视觉上拉长了墙面的长度，使空间比例更为舒适。

**解析：横条纹图案用在软装饰上。**

当一个空间中的墙面宽度相差不是特别多的时候，将横条纹用在墙面上可能会导致比例变化过大，这时候可以将具有调节作用的横条纹用在大面积的布艺上，同样可以调节空间比例，但不会过大，还可随时更换。

# 配色与居室环境

①家居配色不仅能够调整空间的比例，还能够缓解自然气候带来的不适感。

②不同朝向的房间自然光照也不同，南向房间光照强的墙面可以使用深色或冷色；北向房间使用明调暖色能够缓解阴暗感。

③东向和西向房间上下午光照变化大，日照直射或与其相对的墙面宜采用吸光率高的深色，而背光的墙面可采用吸光率低的浅色。

④配色不仅能够缓和不同朝向房间由于日照产生的影响，还能够降低气候对居室的影响，例如寒冷地区多使用暖色，可以让人感觉温暖；炎热地区使用冷色，能够带来一些清凉感。

⑤当四季的变化让人感觉不舒适时，可以改变软装饰的颜色来调节人的感觉。

## 根据居室的自然环境选择相应色彩

在一个家居空间中，有的房间向南而有的房间向北，当楼房面向西的时候，还会出现向东、向西的房间，不同朝向的房间，自然光照也不同。例如南向房间光照足、正午容易让人感觉燥热，而北向房间则比较阴暗。可以利用不同色彩对光线反射率的不同这一特点，来改善居室环境。

▲北向的房间，可以采用暖色增加温暖感；冷色调具有清凉感，适合南向的房间。

# 一看就懂的如何根据居室环境配色

家居配色的基础知识

Chapter 2 色彩对居室环境的影响

不完美配色的调整

家居配色与居住者

家居空间配色印象

家居配色与装饰风格

## ① 南向房间

南向房间日照充足，尤其是中午的时候，如果同时还居住在炎热地区，建议离窗户近的墙面采用吸光的深色调色彩、中性色或冷色相，从视觉上降低燥热程度。

## ② 北向房间

北向房间基本没有直接的光照，会显得比较阴暗，特别是位于北方的北向房间，没有暖气的时节特别阴冷，可以采用明度比较高的暖色来装饰空间，使人从感觉上温暖一些。

## ③ 东向房间

东向房间上下午的光线变化较大，日光直射或者与日光相对的墙面宜采用吸光率比较高的深色，背光的墙面采用反射率较高的浅色会让人感觉更为舒适一些。

## ④ 西向房间

西向房间光照变化更强，下午基本处于直射状态，且时间长，它的色彩搭配方式与东向房间相同，在色相选择上可以选择冷色系，以应对下午过强的日照。

## 居室配色与气候

一年四季中，大部分地区的光照和温度都有很大的变化，当这种变化让人感到不舒适时，可以通过调整空间的配色来调节。例如温带和寒带，调整的策略就有很大的区别，通常情况下，一年之中温暖时间长的地区适宜多用冷色，而寒冷时间长的地区适宜多用暖色。

▲炎热时间较长的地区可以多使用一些冷色系，寒冷时间较长的地区可以多使用一些暖色系。

▲当季节特征特别明显时，感到炎热可以将软装饰换成冷色系，感到寒冷可以将软装饰换成暖色系。

**TIPS：**
### 改变软装色彩即可迎合季节变化

当季节发生变化时，可以不改变墙面、地面等固定配色，而通过改变软装饰的色调来增加人的舒适感。这种方法更简单效果却不错，还能够让家保持新鲜感。即使墙面、地面的颜色不变，只要改变窗帘、布艺、沙发套、抱枕等的颜色，就能使氛围发生改变。

家居配色的基础知识

色彩对居室环境的影响 Chapter 2

不完美配色的调整

家居配色与居住者

家居空间配色印象

家居配色与装饰风格

# 配色与空间重心

## 配色快照

①深色具有重量感，而浅色具有上升感，深色所在的位置就是空间的重心。

②重心在上方和中间位置时，视为高重心，使人感觉下坠，具有动感；重心在下方位置时，为低重心，使人感觉稳定、平和。

③进行家居配色时，可以根据色彩的重量特征，用空间的重心分布让居室具有动感，特别是古典风格，非常适合这种方式，能够减轻庄严、厚重的感觉。

④当房间过高的时候，可以在顶面使用重色，使其下坠来降低视觉上的高度。

⑤不想采用重色地面时，使用深色的家具也可以让重心位于低处。

## 用配色调整空间重心

前面有介绍过，低明度的深色比高明度的浅色更重，具有下沉感，在一个居室中，重色的分布决定着空间的重心，可以通过重心的调节来改变空间的整体感觉。当重色放在墙面时，能够产生下坠感而带来动感，当重色放在地面时，能够使人感觉更稳定。

▲深色在下，重心低，使人感觉平静、沉稳；深色在中间，重心高，具有动感。

# 一看就懂的如何用配色调整空间重心

## ① 高重心

把一个房间中所有色彩中的重色放在顶面或墙面上，就是高重心，采用这种配色方式，具有上重下轻的效果，能够利用重色下坠的感觉使空间产生动感。

## ② 低重心

把一个房间中所有色彩中的重色放在地面上，就是低重心，重色可以是地面也可以是家具，当重心在下方时，呈现上轻下重的效果，使人感觉稳定、平和。

## 不使用多色也能够具有动感的配色方式

在实际运用当中，除了年轻人，采用多数色布置家居的人群并不多，在色彩数量较少的情况下，想要塑造出带有动感的氛围就比较难。此时，可以充分利用色彩的重量感来制造动感，墙面采用深色就能给空间增加动感，这里所谓的深色是相对而言的，只要是此空间里面相对的重色即可，若居室面积不大或者是想要突出墙面的主次，可以选择主要面墙使用重色。

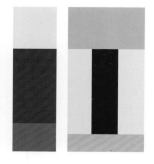

重色在中间位置，无论面积多大，都能使人感觉有动感。

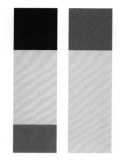

重色位于上方时，动感更强烈。

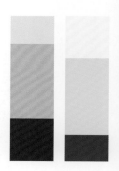

重色位于下方时，底部最重，使人感觉安定。

**一学就会的配色技巧**

家居配色的基础知识

Chapter 2 色彩对居室环境的影响

不完美配色的调整

家居配色与居住者

家居空间配色印象

家居配色与装饰风格

## ① 高空间可增加顶面重量

当感觉房子的高度超出较多，与长、宽比例不协调时，可以适当根据超出的高度来增加顶面的重量感，若感觉特别高可以采用深一些的颜色大面积用在顶面，若高度比例不是特别失衡，可以小面积地使用深色。

## ② 重心在墙面可使古典风格具动感

深色为主的古典类装饰风格，如新古典、中式风格等给人的感觉都是比较严肃的。可以将空间的重心位置放在墙面上为此类风格增加一点活泼的感觉，如果面积足够宽敞可以大量在墙面使用重色。

## ③ 重心为家具也具有稳定感

有一些面积特别小的空间，业主有可能会使用白顶、白墙浅色甚至是白色的地面来增加宽敞感，全部高明度色彩会让空间感觉轻飘，可以选择重色的主家具，例如沙发，重心就会变得稳定。

## ④ 深色家具+深色地面重心最稳

若想要增加空间的稳定感，可以采用深色家具搭配深色地面的配色方式，两者之间的明度拉开一些会更具层次感。这样做如果同时采用浅色顶面，还能够通过轻重对比从视觉上拉高房间高度。

# 配色与家居材料

①色彩不可能是凭空存在的，而是通过某种介质才能够被人们感知，在家居空间中，这种介质就是材料。

②根据材料来源的不同，可以将材料分为自然材质和人工材质两类。毛皮、木头、石材等属于自然材质，色彩多朴素、细腻；玻璃、金属等属于人工材质，色彩多单薄，但变化多。

③材料还可分为暖材料和冷材料，毛皮、织物等能够给人温暖感的为暖材料；玻璃、金属等给人冷硬感的为冷材料。

④木料、藤、麻等比较中性，没有明显冷暖感，属于中性材料。

⑤除了材质外，材料的质感也会对色彩产生影响，相同色彩的情况下，光滑的材料要比粗糙的材料看起来更为冷硬一些。

## 材质对配色的影响

　　色彩不能单独地凭空存在，而是需要依附在某种材料上，才能够被人们看到，在家居空间中尤其如此。在装饰空间时，材料是千变万化的，丰富的材质世界，对色彩也会产生或明或暗的影响。将这些材料进行分类，可分为自然材质、人工材质；暖材料和冷材料。

▲在家居环境中，通常都是自然材质和人工材质共存的情况，自然材质或人工材质单独使用的情况很少。

# 一看就懂的家居材料色感分类

家居配色的基础知识

Chapter 2 色彩对居室环境的影响

不完美配色的调整

家居配色与居住者

家居空间配色印象

家居配色与装饰风格

## 1 自然材质

自然材质就是非人工合成的材质，例如木头、藤、麻等，此类材质的色彩较细腻、丰富，单一材料就有较丰富的层次感，多为朴素、淡雅的色彩，缺乏艳丽的色彩。

## 2 人工材质

由人工合成的瓷砖、玻璃、金属等材质属于人工材质，此类材料对比自然材质来说，色彩更鲜艳，但层次感单薄。优点是无论何种色彩都可以得到满足。

## 3 暖材料

织物、皮毛材料具有保温的效果，比起玻璃、金属等材料来说，使人感觉温暖，称为暖材料。即使是冷色，当以暖材质呈现出来时，清凉的感觉也会有所降低。

## 4 冷材料

玻璃、金属等给人冰冷的感觉，被称为冷材料。即使是暖色相附着在冷材料上时，也会让人觉得有些冷感，例如同为红色的玻璃和陶瓷，前者就会比后者感觉冷硬一些。

## 5 中性材料

木质材料、藤等材料冷暖特征不明显，给人的感觉比较中性，称为中性材料。采用这类材料的时候，即使是采用冷色相，也不会让人有丝毫寒冷的感觉。

### 光滑度对色彩的影响

除了材料的质感外，光滑度的不同也能够对色彩产生影响。同样的颜色，当附着在表面光滑的材料上时，要比附着在表面粗糙的材料上更冷一些。例如橙色的玻璃罐就比同色的围巾要感觉冷硬很多，同样的白色瓷砖，光滑的就比拉毛处理的要更清爽、冷硬一些。在进行居室设计时，可以利用这个特点，来增加相同色彩物体组合之间的层次感。

▲地面、茶几和椅子的色相非常靠近，而材料之间不同的光滑程度构成了丰富的层次感，并不显得单调。

▲墙面、家具、地面及床品采用了同相型的配色方式，而丰富的质感变化使层次多样、细腻。

---

**TIPS:**
**了解材料对色彩的影响能对配色起到的作用**

了解了材质的类型及冷暖对色彩的影响，有利于更准确地认识实际生活中各个色彩的特点，例如卫生间的面积比较小，想要让它显得通透一些，那么比起普通的瓷砖来说，具有反光效果的光滑瓷砖肯定要更符合需求。

# 一学就会的配色技巧

家居配色的基础知识

Chapter 2 色彩对居室环境的影响

不完美配色的调整

家居配色与居住者

家居空间配色印象

家居配色与装饰风格

## ① 自然材质越多配色越细腻

自然的砖石、木料等具有丰富的色彩层次，特别是没有经过油漆处理或者经过做旧处理的木质材料，一块材料上会有丰富的色彩变化，是人工材质很难模仿的，居室运用这类材质越多，配色效果就越细腻。

## ② 人工材质越多效果越时尚

一个家居空间中采用的人工材质越多，效果就会越时尚，特别是玻璃、金属类的材料，它们不仅是人工材质，还属于冷材料，搭配少量的自然材质就能够塑造出现代、都市感的氛围。

## ③ 利用材料弱化冷色和暖色的对比

在进行家居配色时，可以充分利用材料的冷暖这一特点，例如当想要降低一组冷色和暖色的对比配色的刺激感时，除了调节明度、纯度外，还可以冷色使用暖材料、暖色使用冷材料，用材料特性寻求冷暖的平衡感。

## ④ 强化色彩对比的选材方式

除了缓和冷、暖对比的方式外，还可以利用冷材料和暖材料的特点来强化色彩的对比感，如红绿对比，绿色可以用冷材料呈现，红色用暖材料呈现，它们之间的对比就会被强化，使效果更为激烈。

# 配色与照明影响

① 不同的光源都有着不同的温度，可以用色温来表示，色温越高光色越冷，色温越低光色越暖。

② 家居空间的主要照明光源为白炽灯和荧光灯两种，它们能够对配色起到不同的影响。

③ 需要用眼的区域例如书房、厨房、卫生间适合以高色温光源为主，而烘托氛围的客厅、卧室等，适合以低色温的光源为主。

④ 暖色为主的空间中，若使用低色温照明为主光源，温暖的感觉会加剧；冷色为主的空间中，使用高色温光源为主，冷感也会加强。

⑤ 色温还需与灯具的照度结合，高色温的冷光如果照度不高，容易使人产生阴暗感；低色温的暖光如果照度不好，容易使人感觉憋闷。

## 色温影响配色效果

色温单位用K（开尔文）表示，色温越低灯光越暖，色温越高灯光越冷。家居空间内的人工照明主要依靠白炽灯和荧光灯两种光源。这两种光源对室内的配色会产生不同的影响，白炽灯的色温较低，而荧光灯的色温较高。

▲低色温能够给空间增加一些温暖的感觉，而高色温能够使空间看起来更加冷峻。

# 一看就懂的照明对色彩的影响

家居配色的基础知识

Chapter 2

色彩对居室环境的影响

不完美配色的调整

家居配色与居住者

家居空间配色印象

家居配色与装饰风格

## 1 高色温

色温超过6000 K为高色温，高色温的光色偏蓝，给人以清冷的感觉，当采用高色温光源照明时，物体有冷的感觉。在自然环境中，色温最高的为晴天时的蓝天。

## 2 低色温

色温在3500 K以下为低色温，低色温的红光成分较多，多给人温暖、健康、舒适的感觉，当采用低色温光源照明时，物体有暖的感觉。

## 3 光源亮度

家居所用材料的明度越高，反射率越高；明度越低吸光率越高。在照明不变的情况下，仅仅更换墙面的色彩，也会对光源的亮度产生影响，浅色墙面要比深色墙面显得明亮和高大。

## 4 照射面积

灯的款式不同，所照射的方位也不同。灯具是重点照射一个区域还是照射整个房间，采用不同的设计会对空间的氛围产生不同的影响，光线集中照射的区域，会有明显的扩展感。

## 色温与照度

高色温光源照射下，如光源的照度不高容易使人产生阴冷的感觉；低色温光源照射下，照度过高容易给人一种闷热感觉。在同一空间使用两种光色差很大的光源，其对比将会出现层次效果，光色对比大时，在获得亮度层次的同时，又可获得光色的层次。

▲将不同色温和照度的光源组合在一起，能够增加层次感，同时满足照明需求。

| 家庭常用灯具色温表 | | | |
|---|---|---|---|
| 白炽灯 | 2500~3000K | 暖色的白荧光灯 | 3500K |
| 220 V日光灯 | 3500~4000K | 普通日光灯 | 4500~6000K |
| 冷色的白荧光灯 | 4500K | 反射镜泛光灯 | 3400K |

 **一学就会的配色技巧**

**① 色温与色调融合**

暖色调为主的空间中，采用低色温的光源，可使空间内的温暖基调加强；冷色调为主的空间内，主光源可使用高色温光源，局部搭配低色温的射灯、壁灯来增加一些朦胧的氛围。

## ② 高色温适合工作区域

在实际运用中，可利用色温对居室配色和氛围的影响，在不同的功能空间采用不同色温的照明。高色温清新、爽快，适合用在工作区域，例如书房、厨房、卫生间等需用眼作业的区域做主光源。

## ③ 低色温能够烘托氛围

低色温给人温暖、舒适的感觉，很适合用在需要烘托氛围类的空间做主光源，例如客厅、餐厅。而在需要放松的卧室中，也可以采用低色温的白炽灯为主，能增进褪黑素的分泌，具有促进睡眠的作用。

## ④ 深色宜搭配高照度照明

如果房间的墙面或地面的色彩明度较低，室内照明设备光源就要选择照度比较高的类型，才能够使空间显得明亮。

## ⑤ 不同照明范围效果有差异

光源照射全部空间，能够营造出温馨的氛围；照射地面和墙面，则能够给人踏实、沉稳的感觉。面积小的空间，在顶面和墙面加强光照，看起来更宽敞、明亮。

## ⑥ 色温结合运用避免单一

大空间如果单独地使用一种色温会使人感觉单调，可将不同色温的光源组合既有基本的照明，又有重点的照明和烘托情调的照明，营造丰富的层次。

家居配色的基础知识

Chapter 2 色彩对居室环境的影响

不完美配色的调整

家居配色与居住者

家居空间配色印象

家居配色与装饰风格

# Chapter 3

# 不完美配色的调整

**凸显重点的调整**

**加强融合力的调整**

# 凸显重点的调整

①很多家庭在装修完成后，发现配色效果与想象中的差距较大，其中最容易出现的就是配色重心不稳定，重点色不突出。

②重点色突出才能够使人感觉安定，可以通过直接强调的方式来凸显重点色，是最易操作也最容易达到目的的方法。

③可以用五种方式来调节：提高重点色的纯度、增大重点色和其他色彩角色的明度差、增强色相型、增加点缀色和抑制其他色彩角色。

④黑、白、灰没有纯度，不适合用提高纯度的方式来调整。

⑤增加点缀色来凸显重点色是最省力的方式，还可随时更换保持新鲜感。

## 明确重点色使主次层次突出

在完成居室的装饰后，很多业主会发现，因为色板与实际使用的差距、光线的差距等，往往会与期待的效果有所偏差，这时候可以分析具体情况，通过一些易于实现的方法来进行调整。对于重点色不突出的空间可以通过突出重点色的方式来调整。看到一组配色时，如果重点色明确，就能使人感到稳定、层次清晰，重点色往往需要占据中心地位，才能让人在看到时感觉舒适。

▲只有当空间中的重点色地位最突出的时候，才能够获得协调的效果，使人感觉安心。

# 一看就懂的凸显重点色的方法

## 1 提高重点色的纯度

想要使重点色的中心地位变得明确，提高它的纯度是最有效的方法，鲜艳的重点色自然比灰暗的更能聚焦视线，随之也就变得强势起来。

## 2 增强明度差

明度即色彩的明暗程度，将两个色彩的明度拉大，也就增大了它们的明度差距，通过明暗对比能够使重点色更为突出。需注意即使同为纯色，不同的色相明度也不相同。

## 3 增强色相型

前面介绍色相型时讲解过，色相越临近色相型的对比感越弱，若使用的色彩较少的情况下，感觉色相型不突出，可以增强配色的色相型，以重点色为中心，即可使重点色更突出。

## 4 增加点缀色

在不改变重点色色彩的情况下，可以通过增加点缀色的方式来突出它的主体地位，这种方式适合重点色过于朴素的情况，增加点缀色不仅能够突出重点色，还能使整体配色更有深度。

家居配色的基础知识

色彩对居室环境的影响

Chapter 3 不完美配色的调整

家居配色与居住者

家居空间配色印象

家居配色与装饰风格

## ⑤ 抑制环境色或辅助色

并不是所有的重点色都是鲜艳、强势的，很多时候都会采用素雅的色彩，此时如果配色时没有兼顾整体，很容易让其他色彩角色过于强势，导致重点色的弱势，可以稍加抑制，让重点色凸显出来。

### 直接强调重点色最易操作也最有效

如果一个空间中的重点色存在感很弱，会失去安定感和视觉上的中心点，整体配色都会显得很弱势、杂乱，直接强调重点色是最有效也是最容易操作的方式。

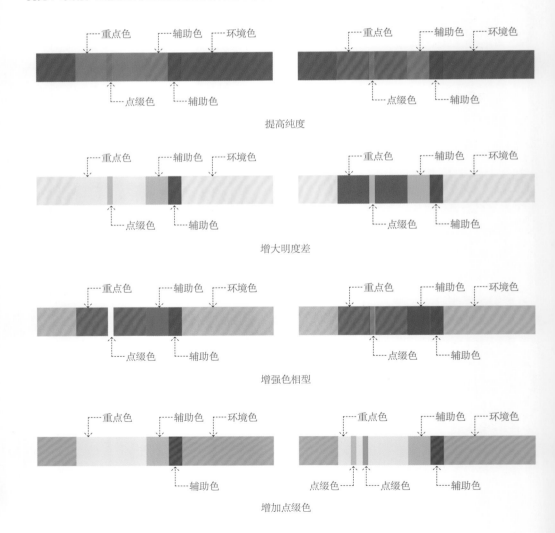

提高纯度

增大明度差

增强色相型

增加点缀色

# 一学就会的配色技巧

## ① 黑、白、灰没有纯度

当居室以黑、白、灰为主要色彩时，出现重点色不突出的情况，就不宜采用提高纯度的方式来调节，因为黑、白、灰没有纯度这个色彩要素，此时宜采用增大明度差、增加点缀色或抑制其他色彩角色的办法。

## ② 增加点缀色是最迅速的改变方式

增加点缀色以凸显重点色的方法无论大空间还是小空间都可以使用，是最为经济、迅速的一种改变方式。其中最容易实施的就是给重点色的物体增加几个色彩突出的靠垫，很容易获得很好的效果。

## ③ 增加点缀色需控制面积

点缀色的面积不宜过大，如果超过一定面积，容易变为辅助色，改变空间中原有配色的色相型，破坏整体感。增加的点缀色还应结合整体氛围进行选择，如果追求淡雅、平和的效果，就需要避免增加艳丽的点缀色。

## ④ 抑制其他角色先作比较

当重点色不方便做改变或者诸如环境色或辅助色压制环境色过多时，就需要抑制其他角色，在进行调节前，建议不要盲目动手，先比较一下，找出问题的关键，在对特别突出的角色进行调整。

家居配色的基础知识

色彩对居室环境的影响

不完美配色的调整 Chapter 3

家居配色与居住者

家居空间配色印象

家居配色与装饰风格

# 加强融合力的调整

**配色快照**

①当居室内的配色使人感觉凌乱、没有舒适感的时候，可以通过融合的方法来收敛混乱感。

②与突出重点色类似，可以通过调节色彩的属性来达到目的，具体方法有靠近色相、统一明度、靠近色调、增添同相色或近似色、重复融合、渐变融合、群化收敛和统一色价等。

③在进行调整前，不要盲目地下手，先弄清主要问题的方向，有的时候不一定需要更换颜色，换个排列组合的方式就能获得相对稳定的效果。

④增添同相色或近似色、重复融合是不需要改变现有配色就能够实施的调整方法。

⑤色彩数量多造成的混乱适合用渐变融合、群化和统一色价的方式来调整。

⑥统一明度、靠近色调、重复融合的方式，能够不改变原有的氛围，而形成微妙的变化。

## 用融合的方式收敛混乱感

与突出重点色相反的是整体融合的调整方法，这种方法适用于觉得室内颜色搭配过于鲜明、混乱，想要变得平和、稳定一些的情况。与突出重点色的方法相似的是，可以通过对色彩的属性调节来达到目的，不同的是前者要加强色彩对比，而后者则要减弱色彩对比。具体可通过靠近色彩的明度、色调以及添加类似或同类色，重复、群化、统一色价等方式来进行。

▲当空间内的所有色彩色调或色相靠近时，色差小，就能够给人平和、安稳的感觉。

▲当居室内的高纯度色彩数量多时，很容易让人感觉混乱、主次不分。

# 一看就懂的色系分类

家居配色的基础知识

色彩对居室环境的影响

**不完美配色的调整** Chapter 3

家居配色与居住者

家居空间配色印象

家居配色与装饰风格

## 1 靠近色相

当色相差过大，使人感觉刺激、不安时，可以减小色相差，选择在色相环上位置较近的色彩进行组合，改变具有刺激感的色彩角色中较容易改动的一方，就能使配色效果更舒适。

## 2 统一明度

增加明度可以凸显重点色，反之，靠近明度差就能够收敛明度差过大造成的不安定感。这是在不改变空间的整体色彩印象的情况下，获得安定感的方法，适用于色彩角色之间明度差距过大的情况。

## 3 靠近色调

相同的色调给人类似的色彩印象，如淡雅的色调都柔和、甜美。因此，不论使用了什么类型的色相，只要采用相同的色调进行搭配，就能够融合、统一，塑造柔和的视觉效果。

## 4 增添同相色或近似色

适用于色彩少同时对比过于尖锐的情况。建议选取重点色或辅助色，添加任何一个色彩角色的同相色或近似色，就可以在不改变整体感觉的同时，减弱对比和尖锐感，实现融合。

## 5 重复形成融合

当一种色彩单独用在一个位置与周围色彩没有联系时，就会给人很孤立不融合的感觉，若加几个同样颜色的装饰，使其重复地出现在同一个空间中，就能够互相呼应，形成整体感。

## 6 渐变增加稳定感

色彩的渐变分为色相的渐变和色调的渐变两种，前者根据色相环上的位置发生变化，后者根据色彩的明暗程度发生变化，无论哪一种，只要按照一定的顺序排列就能够给人稳定的感觉。

## 7 群化收敛

将临近物体的色彩选择色相、明度、纯度等某一个属性进行共同化，塑造出统一的效果。群化可以使室内的多种颜色形成独特的平衡感，同时仍然保留着丰富的层次感，但不会显得杂乱无序。

## 8 统一色价

色价是由色彩的纯度和重量感来决定的，色彩的纯度越高、重量越重色价就越高；纯度越低，重量越轻色价就越低，例如纯色调的蓝紫色就比纯色调的黄色色价高，统一色价能让整体配色更稳定。

**一学就会的配色技巧**

家居配色的基础知识

色彩对居室环境的影响

**不完美配色的调整** Chapter 3

家居配色与居住者

家居空间配色印象

家居配色与装饰风格

## 1 明度和色相差结合运用

空间配色的各色彩之间，如果明度差和色相差同时都很靠近，很容易产生乏味的感觉，可以将两种方式结合运用来避免单调。如果明度差过大，除了调节明度外，还可以通过减小色相差，来避免层次混乱。

## 2 靠近色调适合色彩多的情况

在色彩数量多且混乱的情况下，采用靠近色调的调节方式能够表现出统一中具有变化的感觉，此种方式不太适用于色彩数量少的情况，少量色搭配色调同时靠近，调节力度很难控制，很容易产生乏味感。

## 3 渐变稳重、间隔有活力

当点缀色令人感觉混乱时，还有可能是排列的顺序引起的，例如遵循色相从红到蓝的顺序排列就比红绿橙蓝的顺序感觉更稳定，色相、明度、纯度等间隔排列具有活力，按顺序排列会显得稳重。

## 4 多色混乱按属性群化

多色混乱除了渐变外，还可选择一种色彩属性进行群化，例如将鲜艳的颜色按照冷暖分组，形成两组大的对比，就比随意地混放要感觉稳定。

# Chapter 4

# 家居配色与居住者

男性居住空间的配色

女性居住空间的配色

婚房配色

儿童居住空间的配色

老人居住空间的配色

# 男性居住空间的配色

①具有冷峻感和力量感的色彩能够代表男性，例如蓝色、灰色、黑色或者暗调及浊调的暖色系。

②蓝色与灰色是表现男性气质不可缺少的色彩，若加入白色，则显得更为明快、整洁。

③黑、白、灰组合塑造出的男性特点具有时尚感，若黑色为重点色则更为严谨、坚实。

④用暖色表现男性特点，一定要选择暗色调或者浊色调，例如深棕色。想要塑造绅士派头，可以在组合中加入少量蓝色或灰色。

⑤暗色调或者浊色调的中性色，包括紫色、绿色，同样可以展现男性气质。

⑥用对比的方式配色，更能凸显出有力度的阳刚气，包括色相对比及明度对比。

⑦塑造男性气质，应尽量避免大面积使用淡色调或者鲜艳色调的暖色及中性色。

## 能表现男性特征的色彩

　　男性给人的印象是阳刚、有力量的，为单身男性的居住空间设计配色应表现出他们的这种特点，冷峻的蓝色或具有厚重感的低明度色彩具有此种特征。冷峻感依靠蓝色或者黑、灰等无色系结合来体现，能够表现理智的一面；以明度和纯度低的色彩暗色调为配色主体可以体现厚重感，体现出具有力量的一面。

▲蓝色是最具男性特点的色彩，非常适合作为环境色或重点色使用。

▲浊色调或暗色调的暖色具有力量感，与暗蓝色组合，既表现出了力量感也兼具了冷峻感。

**一看就懂的男性居住空间配色分类**

## ① 蓝色

以蓝色为主的配色，具有冷色系的特点，能够展现出理智、冷静、高效的男性气质，若同时搭配白色能够塑造出明快、清爽的氛围，加入暗暖色组合，则兼具力量感。

## ② 蓝色+灰色

灰色具有都市气质，也是具有理性的色彩之一，蓝色加灰色组合，能够展现出雅俊的男性气质，加入白色增加干练和力度，暗浊的蓝色搭配深灰，能体现高级感和稳重感。

## ③ 黑、白、灰

黑、白、灰其中的一种大面积使用或者黑、白、灰三色组合，都能够展现出具有时尚感的男性气质，若以白色为主搭配黑色和灰色，强烈的明暗对比能体现严谨、坚实感。

## ④ 暗暖色或浊暖色

深暗的暖色或浊暖色能够展现出厚重、坚实的男性气质，比如深茶色、棕色等，此类色彩通常还具有传统感。若在色彩组合中，同时加入少量蓝色、灰色做点缀，能够使人感觉考究、绅士。

家居配色的基础知识

色彩对居室环境的影响

不完美配色的调整

Chapter 4 家居配色与居住者

家居空间配色印象

家居配色与装饰风格

## 5 暗色调或浊色调的中性色

暗色调或浊色调的中性色，如深绿色、灰绿、暗紫色等，同样具有厚重感，也可用来表现男性特点。加入到具有男性特点的蓝色、灰色等色彩组合中，能够活跃空间氛围。

## 6 对比色

选择暗色调或者浊色调的冷色和暖色组合，通过强烈的色相对比，营造出力量感和厚重感，也可以展现男性气质。除此之外，还可以通过色调对比来表现，例如浅蓝色和黑色组合。

### 蓝色可少量搭配纯色或高明度黄色、橙色

男性的统一色彩印象是冷峻、具有力量感的，而也有一些业主会寻求个性，觉得暗沉的色调很沉闷。纯色或高明度的黄色、橙色、绿色可以作为点缀色来与具有男性特点的色彩组合，但需要控制两者的对比度，通常来说居于主要地位的大面积色彩，除了白色、灰色外，明度不建议过高。

▲虽然明黄色非常耀眼，但因为环境色使用了蓝灰色，且两者之间对比强烈，仍然具有男性特征。

▲代表男性的灰色占据着中心地位，黄色仅作辅助及点缀，不能够动摇其主体地位，反而使灰色显得更冷峻。

## 一学就会的配色技巧

家居配色的基础知识

色彩对居室环境的影响

不完美配色的调整

Chapter 4 家居配色与居住者

家居空间配色印象

家居配色与装饰风格

### ① 避免使用过于柔美、艳丽的色彩

过于淡雅的暖色系及中性色具有柔美感，不适合大面积地用在男性居住空间的环境色中，鲜艳的粉色、红色具有女性特点，也应避免用它们来表现男性特点，会让人感觉与色彩印象不符。

### ② 冷、暖同时使用应分清主次

以冷色为主色彰显男性气质时，若同时组合暖色，需注意控制两者的比例，在角色的地位上宜保证冷色的重点色地位，避免暖色超越，容易造成配色层次的混乱，反之亦然。

### ③ 暗冷色用在墙面需注意面积

选择暗色调的冷色表现男性特点且想要用在墙面上时，需要注意居室的面积及采光，如果面积很小或采光不佳，不建议大面积地使用，很容易给人一种压抑、阴郁的感觉，浅色调的冷色则没有限制。

### ④ 强化男性气质的方法

单一地使用色相组合觉得力度不够想要加强男性特点时，可以将色相组合与明度对比结合起来，例如蓝色组合黑色，蓝色选择与黑色明度相差多一些的色调，就能够既具有理性又具有坚实感。

# 一看就懂的配色实例解析

## 1 蓝色

**解析：暗蓝色做环境色及辅助色。**

纯色调的黄色墙面渲染出如阳光般温暖而又活泼的氛围，选择白色的重点色及蓝色为主的点缀色与其搭配，通过色相及色调对比加强了明快感。

**解析：各色调的蓝色与白色组合。**

居室中位于中心位置的墙面选择了明色调的蓝色，配以白色的沙发以及同色相微浊色调的辅助色，清新中带有明快感，加入与蓝色为对比色的明色调粉红色做点缀色，增加了配色的开放感，虽然是对比色，但明度接近，活泼但不刺激。

## 2 蓝色+灰色

**解析：暗蓝色组合浅灰色。**

用淡色调的淡蓝色椅子搭配明浊色调的浅米灰色餐桌，使人感觉纯净而天真，为了避免过于寡淡，以少量明色调的橙色和蓝色做点缀。

**解析：浊色调湖蓝色搭配中灰色。**

明浊色调用在了墙面及沙发部分，作为环境色和重点色，占据了空间中的面积优势，塑造出高雅、素净且具有内涵感的整体氛围，少量微浊色调蓝色的加入，丰富了层次，也增加了一丝稳重感。

## ③ 黑、白、灰

**解析：黑色为重点色组合灰、白环境色。**

紫色属于中性色，选择微浊色调的紫色用在窗帘及家具上，搭配明浊色调的床品，塑造出素雅、温和的色彩印象。

**解析：纯粹黑、白、灰的组合。**

环境色中的部分墙面和地面均选择了浓色调，塑造出厚重、复古的感觉，为了减轻浓色调的沉重感，大面积地使用了白色来融合，意图通过色调之间的明、暗对比来增加一些明快的感觉。

## ④ 暗暖色或浊暖色

**解析：重点色使用浊暖色。**

空间中采光很好，临窗的电视墙面积不大，因此即使采用了暗浊色也不显得暗沉，反而为空间中增添了一些高雅、稳重的感觉。

**解析：暗暖色作为重点色。**

重点色选择暗色调适合各种面积的空间，若同时采用白色或者接近白色的淡色调墙面，通过色调之间的对比，能够增加明快感，且显得更加干净、舒适。最后加入少量明色调的点缀色，综合了暗色调的暗沉感。

家居配色的基础知识

色彩对居室环境的影响

不完美配色的调整

**家居配色与居住者** Chapter 4

家居空间配色印象

家居配色与装饰风格

## ⑤ 暗调或浊调的中性色

**解析：浊调紫色搭配棕色系。**

紫色属于中性色，选择微浊色调的紫色用在窗帘及家具上，搭配明浊色调的床品，塑造出素雅、温和的色彩印象。

**解析：蓝绿色搭配暗棕色。**

作为重点色的床选择深棕色木质，凸显男性的力量感，搭配蓝绿色的床品，厚重而不乏清新感。这样的配色与白色的墙面搭配，通过明度的对比，强化了力量感，也增添了一些明快的感觉，适合喜欢小清新的男性。

## ⑥ 对比色

**解析：暗调蓝色和红色、黄色对比。**

本案着重于力量感的塑造，用棕红色的墙面搭配土黄色的床头，穿透而厚重，为了避免沉闷，床品采用深蓝色搭配白色，使冷暖感觉更均衡。

**解析：暗调蓝色与深棕色对比。**

墙面选择暗色调的棕色，搭配了白色装饰画，通过色调之间的对比，增加了明快感，也更加凸显了棕色的力量感。重点色采用了暗色调的蓝色组合，缓解了暗色调的暗沉感，使配色的视觉效果更舒适。

# 女性居住空间的配色

家居配色的基础知识

色彩对居室环境的影响

不完美配色的调整

Chapter 4 家居配色与居住者

家居空间配色印象

家居配色与装饰风格

① 红色、粉色、紫色等色彩带有女性特质，适合用在女性居住的空间中。

② 通常情况下，暖色系避免深色、暗色，高明度、高纯度或淡色、浊色都能够大面积地使用来表现女性特点。

③ 蓝色和绿色采用适当的色调和面积，也能够表现女性特点。

④ 避免暗色调的冷色大面积使用，避免暗色调冷、暖色的强对比，这类色调具有男性特点，与女性色彩印象不符。

⑤ 无色系中的1～2种组合使用，并搭配具有女性特点的代表色，能够装饰出带有时尚感的女性空间。

⑥ 使用对比色表现女性气质时，需要注意控制色调，避免过强的对比感大面积地出现。

## 能表现女性特征的色彩

当人们看到红色、粉色、紫色这类色彩时，很容易就会联想到女性，可以看出具有女性特点的配色通常是温暖的、柔和的。大多数情况下，以高明度或高纯度的红色、粉色、黄色、橙色等暖色为主，配色以弱对比且过渡平稳，能够表现出具有女性特点的空间氛围。除此之外，蓝色、灰色等具有男性特点的色彩，只要运用得当，同样也可用在女性空间中。

▲明亮的黄色搭配少量粉色，塑造出具有活泼感的靓丽氛围，很适合活泼的女性。

▲粉色是女性的代表色，以粉色为主色并采用不同色调组合，演绎出女性甜美的感觉。

# 一看就懂的女性居住空间配色分类

## 1 纯色调或明色调暖色

以纯色调或明色调的暖色，例如红色、黄色、粉色等为重点色，使其占据主要位置，搭配近似色调的同类色或对比色，组合淡雅一些的墙面色，能够展现女性活泼的一面。

## 2 淡浊色调

高明度的淡浊色，例如粉色、黄色、橙色、紫色等进行配色，且过渡平稳，避免强烈反差，能够表现出女性优雅、高贵的感觉。若在色彩组合中加入白色或少量蓝色，能够塑造出梦幻感。

## 3 蓝色、绿色

在用蓝色或绿色表现女性特点时，可以采用淡色调、明色调及纯色调，配色选择弱对比的色彩进行组合，若同时加入一些白色，就能够体现出干练、清爽的女性特点。

## 4 紫色

紫色也是具有代表性的女性色彩之一，虽然是冷色系，但其独有的浪漫特质非常符合女性特质。淡色调、明色调及淡浊色调的紫色最适合表现女性高雅、优美的一面，暗色调的紫色宜小面积使用。

## 5 女性色+无色系

以粉色、红色、紫色等女性代表色为主色，加入灰色、黑色等无色系色彩，能够展现带有时尚感的女性特点配色。其中，若灰色占据主体地位时，不建议采用深色或暗色。

## 6 近似色

此种配色方式可选择一种女性代表色为主，搭配与其成近似型的另一种色彩，色调对比不宜差距过大，避免使用过于深暗的颜色，点缀色可选择白色、灰色或主色的不同色调。

## 7 对比色

使用对比色表现女性特点，宜采用弱对比，以明度较高或淡雅的暖色、紫色加入白色，搭配恰当比例的蓝色、绿色，能够塑造出具有梦幻、浪漫感的女性特点氛围。

### 表现女性气质的色相基本没有限制

与展现男性特点不同的是，表现女性气质在使用色相方面基本没有限制，即使是黑色、蓝色、灰色也都可以应用，但需要注意色调的选择，避免选择过于深暗的色调及强对比即可。

### TIPS:
#### 避免色彩过于冷硬，避免力量感

虽然可以用冷色来表现女性特点，但需要避免大面积地使用暗沉的冷色，可做点缀色少量使用，或者用在地毯等地面装饰上，防止使配色效果过于冷峻而失去女性印象。除此之外，在使用对比色时，应避免强对比，强对比具有力量感与色彩印象不符。

## 一学就会的配色技巧

### 1 使用冷色时应注意搭配

用蓝色表现女性气质，所使用的色彩宜爽朗、清透，表现出蓝色柔和的一面，深色调的蓝色可用在地毯或者花瓶等装饰上，不要占据视线的中心点。若用淡蓝色、米色再组合白色，温馨中糅合清新感，非常适合小户型。

### 2 小空间用色需注意

很多单身女性都会选择公寓式的住宅居住，多数公寓的面积都比较小，对于小面积的空间，墙面不建议采用太深暗的颜色，很容易使人感觉压抑，淡色或淡浊色的色彩用在墙面更能彰显宽敞感。

### 3 使用暗暖色避免色相强对比

暗色系的暖色具有复古感，喜欢此种感觉的女性想要将其用在家中时，需要注意避免与纯色调或暗色调的冷色同时大面积地使用，很容易产生强对比感，具有男性气质，最安全的方式是组合色相相近的淡色调。

### 4 浪漫感的营造依靠粉色和紫色

以略带浑浊感的粉色、紫色为中心，色相差小，此种同相色或近似色的组合，让人感觉温馨、浪漫，能够展现成年女性优雅、感性的一面。

## 一看就懂的配色实例解析

家居配色的基础知识

色彩对居室环境的影响

不完美配色的调整

**家居配色与居住者**

Chapter 4

家居空间配色印象

家居配色与装饰风格

### ① 纯色调或明色调暖色

**解析：红色搭配白色展现女性的甜美感。**

具有女性特点的软装配色通常是温暖的、柔和的。环境色为大面积的白色，搭配上纯正的红色，明快而又具有女性特质。

**解析：黄色为重点色展现乐观的女性气质。**

明亮的黄色为主色，组合白色和浅茶色，配色之间色调过渡平稳，温馨又舒适。用黄色装点女性居室，能够凸显出女性明亮、活泼的个性，在白色的凸显下，这种感觉更突出。

### ② 淡浊色调

**解析：淡浊色调的紫色和米色体现优美感。**

淡色调的紫色用在墙面上，搭配大量的白色，塑造出清新又整洁的整体感，用粉色做点缀，增添了一丝柔美感。

**解析：淡浊色调的粉色体现浪漫感。**

淡浊色调的粉色具有温柔感，同时具有很强的女性特点，用它涂刷顶面、墙面再搭配黄色地面和粉色、白色组合的布艺，甜美而又带有成年女性的成熟感。

## ③ 蓝色、绿色

**解析：蓝色做主色体现清新、干练的感觉。**

以清新的蓝色与绿色搭配，加入少量黄绿色，使蓝色和绿色之间有了过渡，视觉上更舒适，清新而又柔和的氛围适合纯真的女性居住者。

**解析：中性色组合体现女性气质。**

与淡蓝色系相比，中性色的淡绿色系清新中又带有自然感，更加惬意，不会让人感觉过于冷清。墙面选用清新的绿色，而床又大胆地选用了紫色，柔和的对比增加了层次感。

## ④ 紫色

**解析：微浊色调的紫色体现女性高雅感。**

用淡紫色和深紫色结合作配色的中心出现在墙面和软装上，而后让白色也以同样的布置方式穿插其中，使空间硬装色彩与软装色彩结合得更为紧密、整体。

**解析：浅紫色与白色搭配表现浪漫感。**

在不同纯度的紫色组合中加入一点儿浅绿色，形成了微弱的色调对比，浪漫中带有一丝活泼感。随着白色的不断加入，产生出许多层次的淡紫色，而每一层次的淡紫色，都显示出女性那样柔美、动人的一面。

## 5 女性色+无色系

**解析：蓝灰色为重点色搭配女性色。**

蓝灰色作为重点色搭配具有女性特点的点缀色，黑色与白色组合的家具与其对立，让空间的配色设计显得有格调，这种色彩搭配最适合理智、知性的女性。

**解析：黑色、蓝灰色组合女性色。**

黑色餐桌与淡雅的浅蓝色墙面，在明度上形成了激烈的碰撞，体现出"简约而不简单"的精髓。鲜亮的红色软装饰为空间增添了时尚感，具有女性特点色彩的加入，也使整体在简约的同时体现出女主人的性格特点。

## 6 近似色

**解析：红色和红色组合表现女性甜美感。**

大多数女性都偏向于温馨甜美的色彩搭配，此空间中墙面采用柔和的浅黄色，减少了空间的空旷感，红色地毯与红色的家具组合，在淡淡的黄色中让空间透着时尚与温馨。

## 7 对比色

**解析：红色为重点色，蓝色、绿色点缀。**

热情如火的红色沙发与白色的墙面搭配，表现出女性热情、时尚的特点，点缀蓝色与绿色的靠垫，形成了微弱的对比感，使整体氛围和层次感更为活跃。

家居配色的基础知识

色彩对居室环境的影响

不完美配色的调整

Chapter 4 家居配色与居住者

家居空间配色印象

家居配色与装饰风格

# 婚房配色

①传统的婚房大多使用红色，以渲染喜庆的气氛。追求个性的年轻人也可以用黄、绿或蓝、白等具有清新感的配色来装饰婚房。

②如果不喜欢红色又不得不用，可以多在软装上使用红色，避免大面积地用在背景上，后期可以随时更换为喜欢的色彩。

③也可以用红色或粉色来取代红色表现喜庆感，但要避免大面积地使用，容易过于偏向女性化。

④无色系或蓝色，只要搭配得当，也可以用在婚房中。

⑤在婚房中暗色调不宜大面积地用在墙面上，无论是暗暖色还是暗冷色，容易使人感觉压抑，与色彩印象不符，可以作为辅助色或点缀色使用。

## 表现喜庆感或活力感的色彩

红色代表吉祥、喜庆，是最具代表性的婚房彩色，它能够渲染出具有喜庆感的新婚氛围。也有很多年轻人更加追求个性，希望自己的婚房除了喜庆之外，还要与众不同，看起来不那么俗气，可以采用黄、绿或蓝、白的清新组合。

▲红色装饰婚房是最传统、最喜庆的配色方式，若觉得过于俗气，可以采用清新或欢快的配色方式。

# 一看就懂的婚房配色分类

## 1 红色

红色作为主色使用最喜庆，既可以组合无色系，如黑、白、金等，又可以组合近似色，如橙、黄等。若不能接受过于鲜艳的红色，可以选择低明度或低纯度的红色，更沉稳一些。

## 2 粉色或紫色

紫色、粉色具有女性特点，大面积的使用容易使空间充满女性特点而显得过于甜美，可以作为点缀使用，为婚房增添一些女性气质，比起传统的红色，此类色彩更温和一些，比较容易被接受。

## 3 无色系

无色系组合在婚房中让人感觉过于暗淡，其实只要运用得当，并搭配恰当的彩色，就会获得令人惊喜的效果，适当地使用一点儿色系内的金色、银色做点缀，能够增加低调的奢华感。

## 4 黄色+蓝色或绿色

装饰婚房，使用一些明色调或纯色调的黄色，带有喜悦感，而绿色、蓝色让人内心平静，可以中和黄色的轻快感，让空间既有色彩的跳跃感，又不失清新感。

家居配色的基础知识

色彩对居室环境的影响

不完美配色的调整

Chapter 4 家居配色与居住者

家居空间配色印象

家居配色与装饰风格

## 5 蓝色+白色

在白色当中适当地加入一些蓝色，避免大面积白色的空洞感，还可以增添明快、清爽的感觉，例如常见的地中海风格，也很适合作为婚房的配色，在新婚增添一些活泼的点缀色是不错的主意。

## 6 对比色

选择一组具有对比感的女性代表色及男性代表色，背景色的色相宜具有强大一些的容纳力，例如白色，通过色相的对比，营造出具有活泼感的新婚氛围。

## 7 橙色

橙色具有热烈、活泼的感觉，用来装饰婚房也非常合适，特别是纯色调或明色调的橙色，作为重点色、辅助色或者点缀色，能够极大限度地活跃氛围却并不十分刺激。

## 一学就会的配色技巧

## 1 红色+无色系

红色与白色组合最明快，与灰色或黑色组合最时尚。配色时，不想过于喧闹，可以将红色作为点缀色或辅助色使用，主色使用无色系；想要渲染喜庆感，则可将红色用在墙面或主家具上。

家居配色的基础知识

色彩对居室环境的影响

不完美配色的调整

Chapter 4 家居配色与居住者

家居空间配色印象

家居配色与装饰风格

## ② 红色+近似色

用红色组合近似色的暖色系，能够强化红色的喜庆感，多种暖色组合容易让人感觉沉闷，可以加入一些白色调和，同时拉开配色之间的纯度或明度差，制造层次感。

## ③ 不喜欢的色彩用在软装上

在家有老人的情况下，年轻人有时不得不使用一些自己不喜欢的颜色。可以将这些不喜欢的色彩用在软装饰上，例如窗帘、沙发套、靠枕等地方，避免使用在不易更改颜色的墙面、大型家具上，在婚期过后换成其他颜色。

## ④ 暗色调不宜作为背景色使用

婚房的整体气氛应该是积极的、喜气的、活泼的或者浪漫的，在使用暗色调的时候，应避免将其用在墙面上或者使用的面积过大，容易使人感觉过于压抑。

## ⑤ 用图案增加层次感

如果婚房空间较小，就不适合采用太鲜艳的颜色用在墙面上或者重点色，整体配色可能会略显得有些单调，可以利用材料的图案类丰富层次感，增添一些欢闹的气氛，如壁纸、窗帘、靠枕等。

### TIPS：
### 避免色彩过于冷硬，避免力量感

虽然可用冷色来表现女性特点，但需要避免大面积地使用暗沉的冷色，可做点缀少量使用，或者用在地毯等地面装饰上，防止使配色效果过于冷峻而失去女性印象。除此之外，用图案增加层次感也是不错的选择。

## 一看就懂的配色实例解析

### ① 红色

**解析：红色用在墙面彰显喜庆感。**

纯正大红色彰显着热情、喜庆的感觉，同时融入一些米色和白色进行组合，彰显出婚房的喜庆感同时也不会让人感觉过于刺激。

**解析：深红色作为重点色烘托氛围。**

白色的顶面搭配白色的墙面宽敞而整洁，加入一些深红色的配饰，气氛一下子变得具有动感起来，这样的配色方式大胆而灵活，靓丽而能体现简约风，深红色比大红色要舒适很多，软装还能随时更换，很适合不喜欢大红色的新婚夫妇。

### ② 粉色或紫色

**解析：暗色调蓝色与浊色调粉色组合。**

蓝色是男性的色彩，而粉色是女性的色彩，将两者结合起来组合白色，非常浪漫，又带有一丝沉稳感，是非常个性的婚房配色方式。

**解析：微浊色调的紫色做辅助色及点缀色。**

空间中采光很好，临窗的电视墙面积不大，搭配两边多彩的装饰，层次立显，而在大面积白色的衬托下，紫色的沙发就显得尤为突出，为素净的空间增添了一点儿浪漫气息。

家居配色的基础知识

色彩对居室环境的影响

不完美配色的调整

**家居配色与居住者**

Chapter 4

家居空间配色印象

家居配色与装饰风格

## ③ 无色系

**解析：黑、白、灰组合点缀少量黄色。**

用深灰色做环境色，塑造出朴素、都市的整体氛围，而后搭配白色和棕色穿插的家具，再点缀以黄色，女性代表色和男性代表色融合，寓意着新婚关系，配色印象理智而时尚。

**解析：白、灰组合，点缀少量蓝色。**

将白色作为主色，使其出现在家具、床品和墙面上，整洁而干净，搭配灰色和少量蓝色，清爽而朴素，一点粉色花卉的点缀活跃了空间气氛，也加入了一点儿女性的感觉。

## ④ 黄色+蓝色或绿色

**解析：黄色墙面搭配蓝色沙发。**

清新的蓝色布艺沙发，融合了粉色花朵抱枕、绿色盆栽做点缀，结合白色的辅助色，将艺术感与实用性结合起来，形成了一种舒适、富有人情味的居室韵味。

**解析：蓝色背景色搭配黄色重点色。**

蓝色的背景墙与黄色搭配在一起的清新和爽朗感特别明确，若喜欢柔和一些的效果，可以加入白色家具来装饰及鲜亮的色彩来点缀，通过色调之间的对比，能够增加明快感，且显得更加协调，氛围非常适合婚房。

## 5 蓝色+白色

**解析：蓝色为主色搭配白色和少量粉色。**

用冷色相的蓝色与中性的绿色结合，塑造出具有清新感的婚房，蓝色的沙发搭配上浅浅的粉色抱枕，清爽中透出一股可爱，丰富了空间层次，也增加了甜美的感觉。

**解析：白色为主色搭配深蓝色和少量黄色。**

蓝色和黄色属于对比色，它们的对比为空间增添了活泼感，在大面积的白色映衬下，融合了色相对比和色调对比，这种活泼感被放大，但同时又保留了清新的感觉，虽然没有出现红色，但仍然让人感觉十分适合新婚气氛。

## 6 对比色

**解析：高明度红色和灰绿色组合。**

红色代表喜庆，同时还具有女性特点，用作背景色，搭配具有男性力量感的灰绿色作为重点色，象征着两性的完美融合。当觉得红色窗帘看腻了的时候，还可随时更换成其他色彩。

## 7 橙色

**解析：橙色作为点缀色增添活泼感。**

在进行婚房色彩设计时，可以善用材质与色彩的这种相互影响力。白色的沙发上，摆放几个橙色靠垫，就可以在统一中制造小范围的色彩变化，同时蓝色的存在让橙色的特点得到放大。

# 儿童居住空间的配色

家居配色的基础知识

色彩对居室环境的影响

不完美配色的调整

Chapter 4 家居配色与居住者

家居空间配色印象

家居配色与装饰风格

①为儿童房配色首先需要考虑儿童的性别及年龄，之后采用不用的配色手法装饰居室。

②一般来说，女性的色彩适合女孩房，男性的色彩适合男孩房，但因为年龄的差距，使用的时候会有一些色调上的区别。

③孩子在不断成长，在配色时，墙面、地面等固定色彩宜大众、中性一些，尽量用软装饰的配色来彰显不同年龄段的特点，可以避免多次改动较多的装修。

④白色、浅灰色、咖啡色和卡其色，给人的感觉比较中立，可以用在男孩房也可以用在女孩房，适合不喜欢五颜六色的居住者。

⑤窗帘的色彩和图案最容易被忽略，但又对整体配色影响较大，应特别注意。

## 考虑儿童的年龄最重要

不同阶段的儿童，有不同的颜色需求，在进行儿童房配色时，最重要的是要考虑儿童的年龄段。婴儿的房间，适合温柔、淡雅的色调，具有安全感和被呵护的感觉，淡色调或淡浊色调，能够塑造出此种氛围。儿童是天真、活泼的，用高明度和高纯度的色彩来搭配，能够彰显这种感觉。少年接近于青年，配色可以更成熟一些。

▲蓝色为主色，且具有强对比的配色适合男孩。

▲粉色为主色，组合白色和浅棕色，非常甜美适合女孩。

# 一看就懂的儿童居住空间配色分类

## 1 粉色、红色、紫色

暖色系如粉红色、红色以及中性的紫色，会让人联想到女孩。用此类色彩装饰女孩房符合性格特征，与成年女性不同的是，儿童房的色彩组合宜更纯真、更甜美一些，可大面积搭配白色。

## 2 黄色、橙色

黄色和橙色既适合用在女孩房也适合用在男孩房，但这一类的颜色不适合大面积地使用，会产生视觉的疲劳感，而且会让人达到比较兴奋的状态，可以挑选局部使用，大面积搭配柔和的色彩。

## 3 蓝色

蓝色在男孩房和女孩房中都可以使用，因为蓝色带有男性气质，所以男孩房使用蓝色在色调上没有什么限制；女孩房如果使用蓝色就很适合用淡、纯、明类的色调，暗色调如果使用要注意面积。

## 4 绿色

绿色是非常中性的颜色，装点儿童房可以增加一些自然感。在女孩房中，绿色与粉色、红色、紫色等搭配能够塑造出春天般的感觉；在男孩房中，绿色搭配白色显得整洁、搭配棕色有大自然的氛围。

家居配色的基础知识

色彩对居室环境的影响

不完美配色的调整

Chapter 4 家居配色与居住者

家居空间配色印象

家居配色与装饰风格

## 5 淡色调、淡浊色调

如果儿童房的居住者为婴幼儿，就适合采用淡色调或者淡浊色调作为主要色彩，男孩可以选择淡蓝色、绿色，女孩可以选择淡粉色、紫色，淡黄色则可以通用。

## 6 色彩混搭

多色混搭是儿童房配色最常见的方式，这种配色方式能够表现出儿童活泼、天真的特点，特别适合活泼好动阶段的儿童。男孩可以用蓝、绿色做主色，而女孩可以用粉色、紫色、绿色等做主色。

### 中立色彩的巧妙运用

白色、浅灰色或者咖啡色、卡其色等，属于比较中立的色彩，它们没有明显的视觉倾向，能够塑造出冷静又不失生活气息的感觉，如果不希望儿童房五颜六色，可以结合儿童不同的个性去配色，可以善用中立的色彩做大面积的铺陈，床上用品再根据孩子的性别、年龄段，搭配不同色系的装饰，这样做的好处是可以为孩子的成长预留很多空间，更换不同颜色的床品即可随时符合年龄特点。

▲卡其色比棕色略冷一些，组合白色和蓝色，具有沉稳感，很适合年龄大一些的男孩。

▲使用灰色来装饰墙面，搭配白色家具塑造朴素的整体感，床品使用了咖啡色与粉色组合，仍然具有女孩特点。

## 一学就会的配色技巧

### ① 用活泼的配色表现天真

年龄在青少年以下的男孩，还非常活泼、好动，在配色时如果使用暗沉的冷色，可以用在床品上，且选择图案带有对比色的颜色，来增加一些活泼感，更适合表现其性格特点。

### ② 尽量少在墙面使用暗沉色调

儿童都具有活泼的天性，即使是青少年阶段的孩子，也有活泼的一面。暗色可以用在部分床品或者地面上，墙面占据面积最大，不建议将暗沉的色调用在墙面上，不符合孩子的年龄特点也容易造成压抑的心理。

### ③ 巧妙混搭色彩

混搭色彩对非专业人士来说比较困难，可以考虑同相色或近似色这种组合方法。比如喜欢绿色，可以在绿色附近去选一些颜色，例如浅绿、深绿或者偏绿的蓝色来搭配，觉得单调可以稍扩展加入黄色，既达到设计要求，又能得到比较协调的效果。

**T**IPS:
**易被忽略的窗帘的色彩**

窗帘是在配色时很容易被忽略的部件，如果搭配不好又经常干扰到整个配色效果。如果是暗色多的房间中，窗帘可以选择相反的颜色，而不建议同类色或同色调。如果是暖色的搭配，建议选择中性的颜色，如红色的女孩房间，白底碎花或浅卡其色的条纹都可以具有平衡感。

# 一看就懂的配色实例解析

家居配色的基础知识

色彩对居室环境的影响

不完美配色的调整

Chapter 4 家居配色与居住者

家居空间配色印象

家居配色与装饰风格

## ①粉色、紫色

**解析：粉红色搭配白色表现女孩的甜美感。**

清新的小花壁纸背景墙可爱俏皮，粉红色床品搭配纯白色家具，表现出小女孩的甜美、纯真，使人愉悦而又没有刺激感。

**解析：浅紫色搭配白色表现浪漫感。**

淡紫色的背景搭配粉红色花朵的窗帘，浪漫、甜美，同时搭配白色使氛围更为梦幻，具有童话般的氛围，地面使用粉色蝴蝶形状的地毯做装饰，符合女孩的年龄特点和性别特点。

## ②黄色、橙色

**解析：用明黄色表现女孩活泼的一面。**

白色搭配明亮的黄色，整体氛围欢快而又充满希望，使人愉悦而又没有刺激感，这样的软装配色方式最适合活泼的女孩。

**解析：浊色调的橙色与暗蓝色组合。**

橙色和暗蓝色形成了强烈的色相对比，经过白色的调节，这种对比感被强化，融合了力量感和活泼感，彰显出男孩正在摆脱童真走向成熟的年龄特点。

## ③ 蓝色

**解析：淡蓝色搭配白色用在女孩房。**

淡蓝色搭配白色为软装主色的房间，宜男宜女，没有明显的性别偏向，少量深蓝色的重复性点缀，使空间更为清爽。

**解析：深蓝色搭配棕色用在男孩房。**

沉稳的深蓝色搭配白色为主，爽朗而有一丝冷峻感，色调的对比避免了单调感，棕色的加入，通过色相的对比又增加一些层次感和微弱的活泼感，既有性别特征，又有个性，这样的组合非常适合用来装饰男孩子的房间。

## ④ 绿色

**解析：淡雅的绿色表现呵护的感觉。**

淡色调为主色适合女孩子的房间，淡紫色搭配淡绿色及白色，柔和而又具有甜美感，表现出小女孩纯真的感觉，同时让舒适感倍增。

**解析：接近纯色调的绿色具有活泼感。**

不同色调的绿色为主色，搭配白色和少量黄色，整体氛围欢快而又充满自然感，使人愉悦而又不觉刺激，再搭配墙面的手绘图案，这样的配色方式男孩、女孩均适用。

## 5 淡色调、淡浊色调

**解析：淡浊色调的粉色适合女宝宝。**

淡雅的米粉色壁纸做背景，粉红色床品搭配白色家具，表现出女孩的甜美、纯真，淡绿色的窗帘给这个温馨的空间融入了一抹清新。

**解析：淡色调的黄色比较中性。**

整个空间都选用淡色调的黄色，让人感觉很舒适，为了避免单调，地面采用沉稳的灰色，既层次分明，又不跳跃，这种色调组合起来，营造出温馨、柔和的氛围，很适合婴儿，能够让他们具有安全感。

## 6 多彩色

**解析：粉色与蓝色、绿色具有梦幻感。**

明色调的蓝色搭配白色清新、爽快，整个吊顶大胆地选用了清新的绿色，粉色、蓝色在绿色的融合下给人以梦幻的感觉，即使只使用了少量的粉色，女孩特征也非常明显。

**解析：纯色调的点缀色组合纯真、活泼。**

浊色调的蓝色搭配明色调的红色及少量白色，具有强烈的美式风情，为了表现出孩子的天性，又加入了黄色等活跃气氛，丰富的色彩搭配亮丽明快，充满童趣。

家居配色的基础知识

色彩对居室环境的影响

不完美配色的调整

Chapter 4 家居配色与居住者

家居空间配色印象

家居配色与装饰风格

# 老人居住空间的配色

①老年人的健康或多或少地有一定程度的衰退，且他们大多都具有怀旧情结，喜欢收藏旧物。结合他们的习惯和需要，宜采用具有亲近感、舒适感的色彩装饰老人房。

②除了明色调及纯色调的暖色系外，大部分的暖色都可以用来装饰老人房。

③浊色调及暗色调的蓝色可以适当地用在老人房中，特别是夏天的时候，能够缓解一些燥热感。

④男女都适用的绿色，明色调或纯色调可作为点缀色使用，而其他色调可以大面积地作为背景色或者重点色使用，比用暖色装饰房间，效果更清新。

⑤追求个性的老年人，房间可以适当地使用一些平和色调的色相对比来丰富层次感。色调对比可以多运用，特别是背景色和家具之间，明暗对比强烈一些有利于老年人看得更清楚。

## 安逸、舒适的配色更能满足老年人需求

人到老年以后都喜欢相对安静一些的环境，在装饰老人房时需要考虑这一点，使用一些舒适、安逸的配色。例如使用色调不太暗沉的温暖色彩，以表现出亲近、祥和的感觉，红、橙等高纯度易使人兴奋的色彩应避免使用。在柔和的前提下，可使用一些对比色增添层次感和活跃感。

▲用浊色调的暖色组合少量近似色调的绿色，复古又带有一丝时尚。

▲三种色调的暖色组合，表现温馨、怀旧的感觉，少量黑色加入，加强了配色的张力。

# 一看就懂的老人居住空间配色分类

## 1 暖色系

除了纯色调和明色调外，所有的暖色都可以用来装饰老人房。避免了刺激感的暖色使人感觉安全、温暖，能够给老人心灵上的抚慰，让老人感到轻松、舒适。

## 2 蓝色

蓝色虽然很冷峻，但只要恰当地组合，也可以用在老人房中。使用时，宜避免纯度过高的蓝色，建议以浊色、淡浊色或暗色调为主，可用作软装，在夏天使用可以让老人感觉清凉。

## 3 中性色

绿色用在老人房中，少量的纯色调可做点缀，大面积运用建议使用浊色调或淡浊色调，纯色调及淡色调的紫色都不适合老人房，其他色调的紫色建议作为增添层次感的色彩少量使用。

## 4 对比色

恰当地使用对比色，能够使老人房的气氛活跃一点。但色相对比要柔和，避免使用纯色造成刺激。因为老人的视力减弱，如果采用色调对比，可以强烈一些，能够避免发生磕碰事件。

家居配色的基础知识

色彩对居室环境的影响

不完美配色的调整

Chapter 4 家居配色与居住者

家居空间配色印象

家居配色与装饰风格

## 总体原则是色调不能鲜艳

在装饰老人房的时候，应听取老人的意见，选取他们喜欢的色系来装饰，但有一个总体原则，无论使用什么色相，色调都不能太过鲜艳，很容易让老人感觉头晕目眩，且老年人的心脏功能都有所下降，鲜艳的色调特别是暖色很容易让人感觉刺激，不利于身体健康。

▲鲜艳的暖色具有极强烈的刺激感，用在老人房容易造成刺激过度的情况。

▲类似于米色、咖色类的暖色很适合用在老人房，米色中略带温暖的质感，咖色与米色能比较好地统一在一起。

▲纯色调的蓝色过于个性、冷峻，而浊色调的蓝色大面积地使用很容易使人感觉阴沉，都不适合装饰老人房。

▲蓝色与浅蓝色组合的床品清爽而不阴沉，搭配淡绿色的墙面和棕黄色的家具，安宁而又舒适。

TIPS:
**有白内障配色应特别注意**

老人房的色调要柔和，应偏重于古朴。老年人患白内障的较多，白内障患者往往对黄、绿、蓝色系色彩不敏感，容易把青色与黑色、黄色与白色混淆，因此，在进行室内配色组合时，如果居住者患有此种疾病应多加注意。

## 一学就会的配色技巧

### ① 淡蓝色搭配咖色具有品质感

淡淡的浊调蓝色非常清新，能够给人舒爽的感觉，若同时搭配深咖色，能够同时实现色调与色相的双重对比，但色相对比并不激烈，沉稳安静中又有品质感，很适合喜欢阅读的老人。

### ② 根据需求选择暖色的色调

浅暖色如米色、米黄色、米白色等，淡雅、温馨，可以让人精神放松；深暖色如棕色、深咖啡色、深卡其色等大地色，具有厚重感，能够传达出亲切、淳朴、沧桑的感觉。

### ③ 搭配合适的图案丰富层次感

觉得老人房配色有些单调，可以在床品类的软饰上做些文章，如选择一些拼色或带图案的床单，暗哑低调色即可。图案可以典雅的花型为主，例如墨青色的荷花、中式花纹、格子等，还能为空间增加一些意境。

### ④ 喜欢朴素感可适当加入灰色

若老人比较喜欢朴素的感觉，可以用棕色、米色、白色组合做主要配色，再加入少量淡雅的灰色，就可以塑造出清爽素朴的老人房。这样的组合形式，还能够使人感觉具有一丝禅意。

家居配色的基础知识

色彩对居室环境的影响

不完美配色的调整

Chapter 4 家居配色与居住者

家居空间配色印象

家居配色与装饰风格

**一看就懂的配色实例解析**

## ① 暖色系

**解析：浅灰色组合棕色系，塑造素雅感。**

主背景使用一些具有厚重感或者具有悠久感的暖色，能够明确地表达出老人的性格特点。另一面又选用了水银镜装饰，增添了一丝时尚。

**解析：茶色与墨绿色组合，庄重典雅。**

整体采用茶色与墨绿色两种类型组合的色调，塑造出具有稳定感的朴素、悠然的空间氛围，使人的心情变得祥和、安定。采用了不同的色调进行组合，即使暖色为主色，也并不会让人觉得单调、沉闷。

## ② 蓝色

**解析：暗蓝色与暖色搭配，作为点缀使用。**

暗蓝色与米色结合的软装中，加入少量深咖色调节，增添了高贵感，这样的点缀色并不会影响整体效果，反而能够活跃气氛，但是色调很重要。

**解析：蓝色用在家具及软装上宁静、雅致。**

淡蓝色花纹床拼，高雅而不会让人感觉冷硬，搭配深蓝色的家具，再糅入白色的布艺，空间氛围复古而不厚重，即使采用蓝色装饰老人房，只要控制好配色，也能够使人感觉舒适。

家居配色的基础知识

色彩对居室环境的影响

不完美配色的调整

**家居配色与居住者**

Chapter **4**

家居空间配色印象

家居配色与装饰风格

## ③ 中性色

**解析：淡浊色调的绿色与米色搭配。**

绿色象征生命，淡浊色调的绿色比起纯色调的绿色来说更稳重一些，搭配米色系的床品和深棕色的家具，柔和而又具有自然感，整体效果非常柔和，很适合老人。

**解析：暗紫色与米色和棕色组合。**

紫色具有高贵感，搭配米色的床品和深棕色的家具，具有高品质的生活氛围，同时还具有强烈的色调对比，很适合弱视的老人。墙面的紫色色调略深，特别加了局部的灯光，减轻其重量感，避免过于阴沉，使人感觉不舒适。

## ④ 对比色

**解析：少量蓝色与米色对比。**

卧室中的黄色系均采用柔和的色调，蓝色则为浊色，这样经过调节后搭配的冲突型配色，对比感非常微弱，为居室增添生气的同时不会让人感到不安、刺激，适合老人房。

**解析：蓝色与深棕色对比。**

深棕色穿插出现在整个空间中，与浅咖啡色的墙面形成了温暖、厚重的氛围，具有怀旧感，符合老年人的年龄特点，加入少量蓝色形成了色相对比，增添了一丝明快的感觉，灯光使用明亮的黄光，使氛围更舒适。

# Chapter **5**

# 家居空间配色印象

# 决定配色印象的要素

① 无论多么漂亮的配色，只要与所追求的配色印象不符，也是不成功的。

② 色调是决定配色印象的首要要素，其次便是色相，它们的选择对色彩印象有着决定性的作用。

③ 在选择了色相、色调，确定了大致的整体氛围后，可以用色彩之间的对比强度来调节氛围，增加活力感或高雅感。

④ 即使是同一组色彩、同一种色彩印象，背景色和重点色互换，就能发生细微的、柔和的变化，这是由面积比的不同造成的。

⑤ 除了占据主要地位的色彩外，其他配色的色相也会对整体效果产生或强或弱的影响，在决定色彩印象时，不宜因它们的面积小而忽略。

## 与配色印象一致就是成功的配色

配色印象就是想要塑造出的氛围，活泼的、清新的、沉稳的还是复古的，无论怎么好看的配色，如果与想要塑造的色彩印象不符，不能够传达出正确的意义，都是不成功的，人们看到配色效果所感受到的意义，与设计者想要传达的思想产生共鸣才是成功的配色。

▲白色与黑色组合，占据空间主要位置，传达出的是朴素、时尚的都市印象。

▲纯色调的橙色、黄色、绿色搭配白色，传达出的是活泼、动感的配色印象。

# 一看就懂的配色印象要素分类

家居配色的基础知识

色彩对居室环境的影响

不完美配色的调整

家居配色与居住者

Chapter 5 家居空间配色印象

家居配色与装饰风格

## 1 色调

色调是对配色印象影响最强的属性，即使是相同的色相，采用不同色调配色印象也会发生改变。例如深蓝色适合表现朴素、静谧的感觉，淡浊色调的蓝色则具有柔和感。

## 2 色相

每一种色相都有其独特的色彩意义，当看到红色、紫色时，第一感觉就会联想到女性，看到棕色、绿色的组合，就会使人想到大自然，根据需要选择恰当的色相，是塑造配色印象的关键。

## 3 对比强度

对比强度包括了色相对比、明度对比和纯度对比，调整配色之间的对比强度，就能够对整体配色进行调整，加大对比增加活力感，减弱对比则产生高雅、含蓄的感觉。

## 4 面积比

一个家居空间中，占据最大面积的是环境色，其中墙面有着绝对面积及地位的优势，而重点色位于视线的焦点，它们的色彩就对空间整体配色的走向有着绝对的支配性。

## 配色印象有规律可循

　　同一种配色，不同的人感觉上可能会存在一些微小的差异，但总体来说人们的审美还是具有共性的，这其中蕴含的规律就是配色印象的基础。不论何种配色印象，都是由色相、色调、色相型、色调型和色彩数量、对比强弱等因素综合决定的，将这些因素按照一定规律排列，就能够准确地营造出想要达到的配色印象。

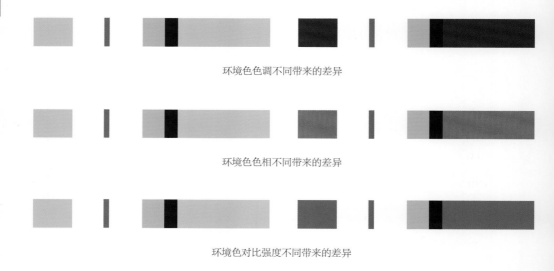

环境色色调不同带来的差异

环境色色相不同带来的差异

环境色对比强度不同带来的差异

配色面积不同带来的差异

 **一学就会的配色技巧**

# ① 根据情感意义选择主色调

　　在进行家居配色时，可以根据想要表达的情感意义来选择主色调。纯、明色调能够传达出活力感；淡色或明浊色调能够传达出温馨、舒适的感觉；暗一些的色调适合表现传统感和厚重感。

家居配色的基础知识

色彩对居室环境的影响

不完美配色的调整

家居配色与居住者

Chapter 5 **家居空间配色印象**

家居配色与装饰风格

## ② 配色的色相也具有影响力

除了主要的色相外，其他色彩角色的色相也会对色彩印象产生一定的影响，例如选择近似色会更稳定，而选择对比色即使面积非常小，也会有活泼感。不要随意地选择，很容易使效果偏离预期。

## ③ 同一色彩印象的微妙变化

同一类配色运用到家居空间中，同样可以有丰富的变化，这种变化并不是特别显著的，而是细微的、柔和的，可以从配色面积、色相、色调上制造这种变化。例如同样的田园印象，一组墙面为绿色，沙发为咖色，另一组用浅咖色刷墙面，搭配深绿色沙发，就会有区别。

## ④ 个性色的运用

当大部分采用一致的色彩时，仅两种色彩不同，所呈现出的色彩印象也可能是不同的。例如墙面、地面、沙发的颜色都相同，原有靠枕为蓝色、花瓶为绿色，更换为粉色靠枕和红色花瓶，就会将原有的男性色彩印象转为女性色彩印象。

## ⑤ 环境色中地毯色彩最易改变

地面的色彩虽然影响力不如墙面，但也在配色系统之内，在客厅、卧室等空间中，长用块状地毯做装点，它也是环境色中最易改变的色彩，很多时候，只要更换一块地毯，空间的色彩印象就会发生变化。

# 朴素的配色印象

①朴素的色彩印象主要依靠无色系、蓝色、茶色系几种色系的组合来表达，除了白色、黑色，色调以浊色、淡浊色、暗色为主。

②配色时，选择这些色彩中的3～4种组合，背景色和重点色的变换，配色印象也会随之发生微妙的变化。

③辅助色或点缀色可以适当添加一些近似色，但彩度不宜过高，面积也不宜过大。例如蓝色组合低彩度的紫色或绿色。

④用高彩度或淡色调做点缀色时，需要注意控制色彩数量和面积，如果彩色数量过多或面积大，在素色的空间中很容易改变配色印象。

⑤使用黑色时，需要注意面积不能过大，若大量使用，很容易变成厚重的配色印象。

## 以灰色、黑色、白色为主的配色具有朴素感

以无色系中的白色、黑色、灰色、银色等色彩为中心的配色具有朴素、雅致的印象，若以以上任意色彩组合蓝色系，则朴素中带有冷清感，若组合茶色系，则能够增加厚重、时尚的感觉，可以表现出高质量的生活氛围。

▲白色与灰色组合，作为空间的主色，传达出素雅、整洁的配色印象。

▲蓝色、白色、茶色、灰色组合，传达出的是素净、整洁的配色印象。

**一看就懂的朴素印象配色分类**

## 1 无色系

以无色系的黑、白、灰其中的两种或三种组合作为空间中的主要配色，能够塑造出具有素雅且同时带有都市氛围的印象，若同时少量加入银色，更为时尚，其中黑色不宜大面积使用。

## 2 灰色

灰色具有睿智、高档的感觉，它是黑、白、灰中唯一具有明度变化的颜色，用灰色表现朴素感可以搭配蓝色或灰绿色，能够体现出理智、有序的素雅感；搭配茶色系，具有高档感。

## 3 蓝色

用蓝色表现朴素感，主要依靠色调和配色，需要选择带有灰度的色调，同时组合灰色、蓝绿色、茶色系、白色中的1～2种，若使用明亮的或淡雅的蓝色，印象就会转变为清新感。

## 4 茶色系

咖啡色、卡其色、浅棕色等，属于比较中立的色彩，很适合表现朴素感。浅棕色与灰色组合加入一些米色，能够塑造出朴素的感觉，同时还带有禅意；棕色与米色或白色组合素雅、大方。

家居配色的基础知识

色彩对居室环境的影响

不完美配色的调整

家居配色与居住者

Chapter 5 家居空间配色印象

家居配色与装饰风格

## 一学就会的配色技巧

### 1 配色时需要分清主次

总的来说，朴素感的塑造要将几种代表性的色彩有选择性的组合起来，但占据重点位置的色彩不同，所塑造的印象就会略有差别，如灰色为主，搭配茶色和蓝色就时尚一些，若茶色为主搭配灰色和蓝色就更高级一些。

### 2 避免高彩度色彩的大面积出现

塑造具有朴素感的家居空间，应尽量避免高彩度色彩的大面积出现，如果做点缀使用，数量也不宜超过2种，否则很容易改变配色印象。反之，如果想要改变素雅的配色，加入一些高彩度色彩即可。

### 3 辅助色和点缀色可选近似色

在不破坏朴素感的前提下，为居室选择一些点缀色能够增添层次感，选择与环境色或重点色为近似型的色彩，且采用灰色调或暗色调，是最不容易破坏现有配色印象的方法。

### 4 黑色和棕色使用需控制面积

黑色和暗色调的棕色，在使用时需要控制面积，如果大量地使用，很容易使配色印象转变为厚重感，与朴素的印象有所区别，可以作为点缀色、辅助色或重点色少量使用，深棕色可少量用在地面上。

# 一看就懂的配色实例解析

## ① 无色系

**解析：灰色搭配白色为主，黑色点缀。**

灰色搭配白色是表现朴素色彩印象中不可缺少的色彩，适当地添加一些沉稳的黑色，更能体现出洗练、理性的感觉，同时传达出有序的氛围。

**解析：灰色、白色与黑色穿插传达素雅感。**

整个空间以白色做主色，配上白色和灰色结合的沙发，色调和谐明快，又不显冲突，而黑色的花纹抱枕将使两者结合得更加自然，简单朴素的色彩给空间增添了舒适感。

## ② 灰色

**解析：灰色与白色组合搭配蓝色和茶色。**

用纯净的蓝色床饰搭配灰色床，在素雅的氛围感中加入了一丝清爽。为了避免色彩过于冷淡，添加茶色的床柜，显得非常雅致。

**解析：灰色与白色组合搭配茶色。**

软装色彩搭配非常简约、纯净，以浅灰色为主色搭配少量白色，塑造出素雅、细腻的都市氛围。白色的背景墙上装饰一点儿茶色，在质朴感中增添了一些厚重和沉稳。

家居配色的基础知识

色彩对居室环境的影响

不完美配色的调整

家居配色与居住者

Chapter 5 家居空间配色印象

家居配色与装饰风格

## ③ 蓝色

**解析：蓝灰色为主搭配白色和茶色。**

深蓝色的布艺沙发搭配纯白色的墙面，塑造出素雅的感觉，点缀茶色、棕色、绿色，丰富了层次感，又不会破坏素雅的氛围。

**解析：蓝灰色搭配白色、浅茶色和绿色。**

绿色做背景墙主色彰显出春天般舒畅的感觉，搭配沉稳的蓝灰色以白色过渡让空间层次感丰富，同时融入一点儿浅茶色装饰，使空间面积显得宽敞、舒畅而又朴素。

## ④ 茶色系

**解析：浅棕色搭配浅茶色、白色。**

浅棕色高雅而具有细腻感，作为主色搭配纯白色将质朴简约感塑造出来，加入些绿色植物装饰，清新了色彩的同时又增添了活泼感和自然韵味。

**解析：茶色与白色、米灰搭配。**

灰色时尚中带有高雅感，是表现朴素色彩印象中不可缺少的色彩。本空间以极简的灰、白、茶三色来诠释，此种配色方式朴素大气，不易过时，适用于任何户型的家居空间。

# 悠闲的配色印象

①能够使人感到轻松、舒适、安全的色彩组合就能够形成悠闲的配色印象，主要色彩为米色，用它来组合白色、浅灰色、肉粉色、淡绿色等。

②所有配色的色调过渡应平稳，彩色多以淡色调或淡浊色调为主，墙面色彩不宜过于活跃、激烈。

③因为多为近似色相或色调，可能会略为单调，可以用绿色植物及色调淡雅一些的花艺来丰富空间的整体层次、调节氛围。

④通常情况下，此种配色印象中，相对明度较低的色彩应尽量安排在下方位置上。

⑤除了沙发外，其他家具可以选择浅色系原木材料，这是最容易达成悠闲配色印象的选择方式，例如榉木、枫木、松木等。

## 能使人放松的配色组合

悠闲的配色印象，主要来自于能够给人以放松感的色彩组合。尤其是接近大自然的配色和彩度较低的浊色及淡浊色的搭配，色相以米色、浅茶色等暖色系为主，搭配白色、浊色调偏暖的绿色等。不宜使用过多的重色，否则容易产生压迫感，失去悠闲的感觉。

▲将白色、浅米黄色结合作为主色，温馨而又具有轻松感，符合悠闲的色彩印象。

▲大量柔和的米色搭配白色和深棕色，悠闲、舒适又显得很整洁。

## 一看就懂的悠闲印象配色分类

### 1 白色+米色

　　白色和米色的明度差很小，组合在一起具有平稳、安定的感觉，米色的特点就是柔和、温馨，再组合白色就更显整洁、明亮，地面可以选择木色的地板，此种配色方式很适合小户型。

### 2 米色+近似色

　　淡雅、柔和的米色作为背景色或主色时，能够使空间具有柔和、温馨的感觉，使人感觉轻松。例如米色搭配米黄色，再组合原木家具、地板，就能够塑造出悠闲感觉。

### 3 米色+绿色

　　将米色用在环境色上，搭配少量柔和的、主要是淡色调或淡浊色调的绿色，做辅助色或点缀色，就能够使空间具有悠闲、放松的感觉，若加入白色则显得更通透一些。

### 4 肉粉色

　　肉粉色属于淡浊色调的色彩，用它搭配白色、茶色或浅灰色具有温柔感；搭配米色使人具有安全感，犹如回归了母亲的怀抱；搭配浊色调或淡浊色调的绿色，具有自然韵味。

# 一学就会的配色技巧

家居配色的基础知识

色彩对居室环境的影响

不完美配色的调整

家居配色与居住者

Chapter 5

**家居空间配色印象**

家居配色与装饰风格

## ① 墙面色调不宜活跃、激烈

此种配色印象，墙面不宜选择过于活跃、激烈或者过于沉闷的色调，主体采用如米色、浅黄色的类似型配色更能表现应有的氛围，点缀色可少量使用淡浊色调的紫色、粉色、灰色等，但是不宜过多。

## ② 觉得单调多用绿植、花艺

悠闲、温馨的色彩印象采用的色调都非常相近，容易使人感觉单调，而使用过多的其他色彩又容易破坏整体感，可以多用绿色的植物或配色较淡雅的花艺来装饰房间，活跃气氛的同时还能进一步强化悠闲感。

## ③ 深色调尽量在下方

在进行具有悠闲感的配色时，相对来说，所有使用的色彩中，明度最低的色彩，一般情况下尽量安排在下方，如地毯或地板，这样具有稳定感，当室内所用色彩的色调相差不大时，也可将它放在墙面上，调节氛围。

## ④ 家具、地板可选浅色原木材料

家具和地板占据了空间中的大部分面积，当采用米色或其他悠闲配色的沙发后，其他的茶几、角几、餐桌甚至是地板，选择浅色的原木纹理是最易达成悠闲配色印象的组合方式，例如枫木、松木或榉木等。

# 一看就懂的配色实例解析

## ① 白色+米色

**解析：米色做辅助色与白色和浅茶色组合。**

白色有利于扩展空间感，但也容易显得单调，搭配家具时，可以选择色彩柔和一些的款式，如米色与白色结合，明快又不失温馨。

**解析：米色搭配白色和深棕色。**

环境色划分为两部分，大部分白色，主题墙采用温柔的米色，而地面则采用了色调略深的棕色，并搭配少量灰色，使空间统一中带有层次感，最后以简单配色的软装调节层次感，十分简约。

## ② 米色+近似色

**解析：米色搭配浅灰色和浅肉粉色。**

米色的整体色调温馨、明亮，搭配白色做大面积的色彩，显得更舒适，再搭配浅灰色的抱枕显得舒畅、悠闲。

**解析：米色搭配白色、肉粉色。**

白色明度最高，如果不喜欢过于直白、明亮的感觉还想追求宽敞的感觉，可以使用经过调和的米色代替白色，它的明亮感有所降低，更柔和、温馨，再搭配柔和的肉粉色配饰，不仅舒适而且更具有悠闲感。

# ③ 米色+绿色

**解析：淡浊色调的绿色搭配米色。**

以米其色为主，气氛温馨、柔和而又具有些许的沉稳感，然后用淡淡的绿色系做调节，加以少量的米白色以及黑色调节明度，轻松而悠闲。

**解析：米灰色搭配淡浊色调绿色和白色。**

浅暖色如米色、浅米黄色、米白色等，淡雅、温馨，作为居室的主色调，可以让人精神放松，有舒适感。搭配上淡浊色调的小绿格抱枕调剂，具有安全感和温馨感，非常悠闲。

# ④ 肉粉色

**解析：肉粉色做重点色搭配浅茶色和白色。**

以白色做大面积的背景色，赋予空间宽敞、明亮的大氛围，而后搭配甜美温柔的肉粉色布艺沙发，以及浅茶色的地面，给人一种高雅而又温柔的感觉。

**解析：肉粉色搭配白色、米灰色和绿色。**

将重点配色放在了小的饰物上，大面积以白色为主色，适当地融入米灰色、绿色、棕色。这样的做法既能塑造活跃感，又让人觉得十分舒适，适合大众的审美，淡浊色调的配色方式，使人感觉安稳而又温馨。

家居配色的基础知识

色彩对居室环境的影响

不完美配色的调整

家居配色与居住者

Chapter 5 家居空间配色印象

家居配色与装饰风格

# 厚重的配色印象

①厚重的配色印象主要依靠暗、浊色调的暖色及黑色来体现，配色采用近似色调，用淡浊色调的色彩做背景色，可以调节效果，避免过于沉闷。

②将暗暖色如巧克力色、咖啡色、绛红色等与黑色同时使用，可以融合厚重感和坚实感。

③在暖色为主的配色中，加入少量的中性色，能够使空间显得有格调。

④若在以暗暖色为主的配色中，加入暗冷色，形成低调的对比，就可以在厚重感之中增加一丝可靠感。

⑤塑造厚重的色彩印象，尽量避免使用纯色调或浓郁色调的艳丽暖色，此类暖色如果占据重要位置，很容易将厚重的印象改变为华丽的印象，与配色诉求不符。

⑥大块面的暗暖色很容易使人感到压抑，可以选择部分有图案的材料来丰富层次感。

## 以黑色或暗暖色为主的配色具有厚重感

古典风格的物品给人的感觉多是厚重感，比如中式家具，这类物品通常给人十分高档的观感，具有坚实、敦厚的感觉。暗浊调的暖色如茶色、棕色、红棕色以及黑色，它们就具有这种感觉，将其作为主色，就能够塑造出具有厚重感的色彩印象。

▲暗棕色的墙面搭配黑色、银色组合的餐桌椅，厚重、坚实，地面用米黄色避免了沉闷感。

▲空间的重心放在了墙面上，采用暗暖色和黑色组合，搭配白色的顶面和米色地面，厚重但不乏味。

# 一看就懂的厚重印象配色分类

## 1 黑色

黑色是明度最低的色彩，神秘、黑暗，同样也坚实、厚重。如果选择无色系色彩相组合，黑色占据大面积就能具有厚重感，若在暗暖色组合中加入黑色除了厚重感还兼具坚定感。

## 2 暗暖色

以暗浊色调及暗色调的咖啡色、巧克力色、暗橙色、绛红色等做居室的主要色彩，就能塑造出兼具传统韵味的厚重印象。为了避免此类色彩呈现大面积的沉闷感，可搭配白色或者同色系淡色做调节。

## 3 中性色

仍然以深色调或浊色调暖色系为配色中心，在组合中加入暗紫色、深绿色等与主色为近似色调的中性色，能够塑造出具有格调感的厚重色彩印象。

## 4 对比色

暗暖色为主的空间配色中，加入暗冷色形成对比配色，就可以在厚重、怀旧的基础氛围中，增添一丝可靠的感觉。环境色可以选择白色或浅米色，避免暗沉感。

家居配色的基础知识

色彩对居室环境的影响

不完美配色的调整

家居配色与居住者

Chapter 5 家居空间配色印象

家居配色与装饰风格

## 一学就会的配色技巧

### 1 以暗浊的暖色为中心

塑造厚重的配色印象，最重要的是要以暗浊色调的暖色为主，多采用明度和纯度较低的色彩，若选取两种进行组合作为主要部分的色彩，则厚重感更浓郁。如果不想对比过强，可以不用白色调节而用米色或米灰色。

### 2 尽量避免使用高浓度暖色

暗浊色调的暖色具有厚重感，可以少量地使用高纯度的暖色做点缀，且数量不宜过多。尽量不要选择高浓度暖色的重点色或辅助色，如红色、紫红色、金黄色等，此类色调具有华丽感，很容易改变厚重的印象。

### 3 搭配淡浊色调暖色调节层次

很少会出现全部用暗浊暖色来装饰房间的情况，为了避免过于沉闷的感觉，通常都会搭配一些明度较高的色彩来调节氛围，白色是最百搭的颜色，除此之外，淡浊色调的暖色非常适合，例如米灰色、淡茶色等。

### 4 用花纹调节沉闷感

大块面的暗浊暖色用得过多以后，很容易产生沉闷的感觉，除了加入淡浊色调的暖色增加层次外，还可以用花纹来避免沉闷，例如用墙纸代替墙漆，棕色带米色花纹的壁纸要比棕色的木质显得更灵活一些。

**一看就懂的配色实例解析**

家居配色的基础知识

色彩对居室环境的影响

不完美配色的调整

家居配色与居住者

**家居空间配色印象** Chapter 5

家居配色与装饰风格

## 1 黑色

**解析：黑色大面积的运用来表现厚重感。**

简单的黑、白、灰三色组合的配色，最为经典。大量地使用黑色，而后搭配灰色和少量白色，塑造出具有厚重感的时尚氛围。

**解析：黑色与棕红色搭配表现坚实的厚重感。**

沙发的色调沉稳、低调，为了避免黑色过重造成的沉闷感而后搭配棕红红的小桌及棕色的地板等，且黑红相互穿插呼应，并不独立存在，层次感和统一感兼具。两种厚重的色彩组合，渲染出传统而又坚实的感觉。

## 2 暗暖色

**解析：米灰色与暗棕色组合。**

暗棕色出现在窗帘、沙发以及电视背景墙三处地方，形成重复，使色彩的亲切感和舒适感表现得更强烈，用最朴实的色彩打造高端的品质生活。

**解析：具有微弱色调变化的暗暖色组合。**

深棕色的墙面配以同色系的灯具，使装饰与墙面有了呼应，明亮的黄色装饰画，与墙面形成了明快的明度对比，塑造出高雅素净且具有传统内涵的整体氛围，配色虽然厚重但却不乏层次感。

# ③ 中性色

**解析：暖灰色搭配不同纯度的紫色。**

暖灰色的墙面显得厚重、温暖，搭配紫红色和紫灰色组合的家具，以及亮度黄色的装饰画，塑造出高雅而传统的整体氛围。

**解析：大地色系搭配白色和绿色。**

以沉稳、厚重且具有亲切感的大地色系为主色，不同明度的大地色穿插地出现在墙面、地面、家具和配饰上，再搭配少量的白色和色调与大地色近似的绿色，虽然白色在墙面的面积很小，但与深棕色的对比为空间增添了明快感。

# ④ 对比色

**解析：白色搭配棕红色、紫红色和深绿色。**

白色占据了面积优势与棕红色组合，虽然具有厚重感，但并不显得沉闷。点缀以紫红色系的靠枕、台灯和深绿色的装饰画，用色相的对比增添了一丝活跃感。

**解析：茶色与白色、米灰搭配实现色调对比。**

在塑造厚重的色彩印象时，如果不喜欢色相对比的感觉，又觉得有些沉闷，可以利用色调对比来强化层次感，增添柔和的对比感，来减弱厚重的色彩带来的沉闷感。

家居配色的基础知识

色彩对居室环境的影响

不完美配色的调整

家居配色与居住者

Chapter 5 家居空间配色印象

家居配色与装饰风格

# 自然的配色印象

① 源于自然界的配色最具自然的配色印象，以绿色为最，其次如栗色、棕色、浅茶色等大地色系。

② 浊色调的绿色无论是组合白色、粉色还是红色，都具有自然感，自然韵味最浓郁的配色是用绿色组合大地色系。

③ 浊色调的绿色搭配粉色或红色，是花朵的颜色，这种配色源于自然界非常舒适、协调，还带有一些天真感，很适合女性或少女的房间。

④ 在使用冷色或多种暖色装饰自然韵味的空间时，建议以图案的形式呈现，而不要大块面地运用，容易破坏自然的配色印象。

⑤ 花朵、格子、条纹等图案结合典型的自然配色，能够强化自然氛围。

## 源于自然界的色彩组合

自然的色彩印象源自于泥土、树木、花草等自然界的素材，常见的有大地色系，如棕色、土黄色等低明度的色彩，以及绿色、黄色等。绿色和褐色的组合是最经典的自然色彩组合方式，不论鲜艳的还是素雅的，都能体现自然美。

▲ 白色、米色组合，搭配深绿色，既满足了明度上的对比又塑造出了自然印象。

▲ 灰绿色作为重点色搭配白色和米色及少量浅茶色，清新而质朴，具有自然印象。

## 一看就懂的自然印象配色分类

### 1 绿色+白色/米色+大地色

绿色是最具代表性的自然印象的色彩，能够制造充满希望、欣欣向荣的氛围，搭配大地色更有回归自然的感觉，组合中同时加入白色，显得更为清新，大地色通常用在地面上，象征大地。

### 2 绿色+大地色系

树木与泥土是随处可见的自然事物，这两种颜色搭配在一起，不论是高明度还是低明度，都具有浓郁的自然氛围。绿色为主色时，氛围更清新一些，大地色为主色时，则更沉稳一些。

### 3 大地色

大地色系就是泥土的颜色，常用的有棕色、茶色、红褐色、栗色等，将它们按照不同的色调进行组合，加入一些浅色，作为家居空间的配色能够使人感觉可靠、稳重。

### 4 绿色+红色、粉色

自然界中另一个常见的植物就是花朵，仍然用淡浊或浊调的绿色做主色，搭配红色或粉色做辅助色或点缀色，犹如绿叶与花瓣，具有浓郁的自然韵味，这种源于自然的配色非常舒适，并不刺激。

# 一学就会的配色技巧

家居配色的基础知识

色彩对居室环境的影响

不完美配色的调整

家居配色与居住者

Chapter 5 家居空间配色印象

家居配色与装饰风格

## 1 冷色和颜色与图案结合

自然的色彩印象大面积地使用冷色系、艳丽的暖色，会破坏自然气息。例如绿色的墙面，选择高纯度的红色的沙发以及橙色的抱枕，就完全没有自然韵味。多彩色的组合可以用带有花朵、树叶图案的材质来表现。

## 2 大地色系多选自然类材质

大地色源于土地、树皮等颜色，在使用此类色彩时，如果能用自然类的材料将其显现出来，就会强化自然韵味，例如木料、藤等材料。如果不喜欢这类的家具，可以选择铺设此类色彩的木地板。

## 3 用图案强化自然印象

觉得单独地使用色彩来实现自然的配色印象没有充足的把握时，可以选择一些带有明显田园风图案的材质，结合经典的田园配色装饰居室，能够更容易达到目的，例如花朵、条纹、格子等图案。

## 4 简约的造型也能有自然韵味

在所有的装饰元素里，色彩是首先引起人们注意的元素，即使搭配简约造型、非自然类材料的家具，只要用浊色调的绿色做环境色或重点色，在少量组合一点儿大地色系，也能够使居室具有淡淡的自然韵味。

**一看就懂的配色实例解析**

## 1 绿色+白色或米色

**解析：绿色、白色搭配米色表现自然感。**

经过调和的深草绿色比起纯粹的绿色，在自然韵味之中多了一丝沉稳感，搭配同样柔和的米色和少量白色，使自然氛围看起来柔和但不乏清新感。

**解析：绿色搭配白色为主色，黑色点缀。**

绿色作为居室内的主要色彩，搭配与其明度类似的蓝绿色以丰富层次感，同时融入大量白色和少量黑色，使面积不大的空间显得宽敞、舒畅而又朴素。觉得色彩略为单调时，少量地使用黑色能够增加层次感。

## 2 绿色+大地色系

**解析：蓝绿色、深绿色与大地色搭配。**

大地色系用在地面及部分家具上，使空间重心在下，非常沉稳，而后加入一张蓝绿色和深绿色组合的休闲椅，自然韵味浓郁。

**解析：草绿色用在墙面与茶色地面搭配。**

绿色与米色结合用壁纸花纹的形成呈现出来，而后搭配大地色和白色结合的家具，色调从上到下实现明度的渐变，形成明快而又素雅的自然韵味。

## ③ 大地色系

**解析：棕色、茶色木质材料间隔做环境色。**

家具与墙面均采用了大地色系，使空间具有亲切感，且采用了大地色系内不同明度的变化形成层次感进行调节，质朴而不厚重。

**解析：浅茶色搭配暗棕色表现自然韵味。**

淡雅的浅茶色做家具主色，搭配暗棕色和不同明度的咖啡色进行明暗层次的调节，而后搭配浅色花朵图案的壁纸，虽然大部分为暖色调，但并不显得沉闷，反而使人感觉亲切、舒适。

## ④ 绿色+红色、粉色

**解析：深绿色搭配不同色调的粉色。**

绿色和粉红色均以低明度的形式组合，并搭配了红花和绿叶的图案，再搭配白色和米黄色，清新而具有些许的活泼感。

**解析：深绿色搭配深棕色和红色。**

大面积的浊色调绿色具有明显的自然特点，搭配宽大、敦厚的沙发，凸显美式田园特点。红绿结合的沙发与对面棕红色的皮质沙发相对，色彩组合复古又不显得脱离时尚，是非常具有个性的具有自然印象的配色方式。

家居配色的基础知识

色彩对居室环境的影响

不完美配色的调整

家居配色与居住者

Chapter 5 家居空间配色印象

家居配色与装饰风格

# 活泼的配色印象

①具有活泼感的配色印象，主要依靠于高纯度的暖色作为主色来塑造，搭配白色、冷色或中性色，能够使活泼的感觉更强烈、张力更强。

②暖色的色调很关键，即使是同一组色相组合，改变色调也会改变氛围，活泼感需要高纯度的色调，若有冷色组合，冷色的色调越纯效果越激烈。

③单独地使用一种暖色塑造活泼感时，需要组合白色才能够使此种暖色的活泼感更强。

④除了色彩的组合外，还可以加入材料的特性来强化氛围，例如将墙面漆换成同色带有环形图案的壁纸，能够显得更活泼。

⑤用多种彩色进行组合时，需要至少三种纯色调，才能体现出活泼的感觉。

## 以高纯度暖色为中心的配色

以高纯度暖色为主色的配色，具有活泼的感觉。从色相型上来说，最具活力感的是全相型。纯正的红色、橙色、黄色，是表现活泼感不可缺少的色彩。除此之外，加入纯度和明度较高的绿色和蓝色作为配角色或点缀色，能够使色彩组合显得更加开放，增强开朗的感觉。

▲从上面两幅图中可以看出，具有活泼感的配色均是以高纯度的暖色为中心，再组合一些冷色或中性色来完成的，具有自由、奔放的感觉。

**一看就懂的活泼印象配色分类**

### 1 暖色系

　　用高纯度的暖色系中两种或三种色彩做组合，能够塑造出最具活泼感和热烈感的配色印象，若同时用白色做环境色，将暖色组合用在家具上，能使氛围更强烈。

### 2 对比色

　　仍然是以高纯度的暖色为主色，将它们用在墙面或家具上，搭配对比或互补的色彩，例如红与绿、红与蓝、黄与蓝、黄与紫等，就可以具有活泼感，即使多为点缀色也仍具有此种效果。

### 3 单暖色+白色

　　白色的明度最高，用它来搭配任意一种高纯度的暖色，都能够通过明快的对比，强化暖色的活泼感，暖色可用在重点墙面也可用在家具上，若暖色的周围都是白色，效果更佳。

### 4 多色彩

　　具有活泼感的多色彩组合最具代表性的就是全相型的配色，其中至少要有三种较高纯度的色彩才能强化活泼感，其中冷色或中性色，越艳丽氛围越强烈。

家居配色的基础知识

色彩对居室环境的影响

不完美配色的调整

家居配色与居住者

Chapter 5 家居空间配色印象

家居配色与装饰风格

# 一学就会的配色技巧

## 1 纯调暖色宜占据主体地位

即使色彩的数量及色调是正确的，如果高纯度的暖色没有占据重要的位置，或者所有的纯调色彩都作为点缀色使用，背景色中有浊色调或暗色调，活泼的感觉也会被很大程度地减弱或直接被转变为其他色彩印象。

## 2 色调是塑造活泼感的关键

所用色彩的色调是塑造活泼感的关键，同样的黄、蓝组合，纯色调的组合就具有活泼感，而若将色调变成淡色调或淡浊色调，就会使人感觉柔和、清新，想要活泼一定要至少采用纯色调进行组合。

## 3 少数色加白色印象特征更强

当采用数量少的纯色调色彩塑造活泼感时，有时因为空间面积的限制，不能大面积地使用高纯度暖色而使活泼感不够强烈，可以加入白色，用它作为环境色或辅助色，都可以使纯色调的"纯"更显著。

## 4 善用材料特点强化活泼感

单独的粉红色墙面和粉红色带有圆形对比色花纹的壁纸相比，后者要比前者活泼很多，也可以将花纹运用在布艺沙发、窗帘、地毯上，选择圆环、曲线、色块拼接等动感的图案更符合此类色彩印象。

**一看就懂的配色实例解析**

家居配色的基础知识

色彩对居室环境的影响

不完美配色的调整

家居配色与居住者

Chapter 5 家居空间配色印象

家居配色与装饰风格

## ① 暖色系

**解析：以高纯度橙色为环境色搭配黄色。**

具有活力的橙色作为主色，搭配白色和少量黄色，以暖色系为主，塑造出了明快而具有活力感的色彩印象。

**解析：高纯度粉红色为环境色搭配少量橙色。**

墙面和布艺装饰采用了同样的花纹，且大量地使用了粉红色，配以白色和少量橙色，再穿插白色，无论从色相还是从色调上，都显得非常活泼而热情，同时还带有一丝娇媚感。

## ② 对比色

**解析：白色背景下，红色与蓝色形成对比。**

将大红色与蓝色这组冲突型配色放在了靠枕、台灯等次要地位的色彩角色上，既能够活跃氛围又不会过于刺激。

**解析：用高纯度的蓝色与黄色形成对比。**

蓝色和黄色从色相的关系上就具有对比感，设计者又均采用了纯色调，进一步强化了这种对比感，在深色地面的衬托下，又实现了色调上的层次感，空间整体显得非常活泼。

## ③ 单暖色+白色

**解析：白色做环境色使橙色更活泼。**

　　沙发虽然在整体空间中属于重点色，但对于靠枕来说它同时也是环境色，用白色的环境色与纯色调的橙色搭配，使橙色活泼、欢快的感觉凸显得更强烈。

**解析：橙色大面积使用加入少量白色。**

　　高纯度的橙色与白色组合作为墙面的色彩，在白色的衬托下，橙色的特点显得更浓郁，塑造出活泼、欢快的氛围，床品采用了条纹的花纹，进一步强化了活泼的感觉，地面采用褐色，增添层次感的同时也可以缓和高纯度暖色的刺激感。

## ④ 多色彩

**解析：红色、蓝色、粉色、绿色组合。**

　　将高彩度的色彩放在了白色墙面上，使色彩之间的对比显得更突出，多配色的方式，渲染出非常活泼但并不刺激的氛围。

**解析：绿色、蓝色、红色、黄色组合。**

　　虽然室内使用了多种色相进行组合，但并没有使人感觉凌乱、刺激，原因是使用了大量的白色，白顶、白墙、白底，显得非常纯净，且各色相之间的色调基本靠近，很少采用纯色调，也降低了刺激感，反而具有波普特征。

# 清爽的配色印象

家居配色的基础知识

色彩对居室环境的影响

不完美配色的调整

家居配色与居住者

Chapter 5 家居空间配色印象

家居配色与装饰风格

**配色快照**

①表现具有清爽感的居室，宜采用淡蓝色或淡绿色为配色主体，低对比度融合性配色，是最显著特点。

②无论是蓝色还是绿色，单独使用时，都建议与白色组合，白色可做环境色，也可做重点色，能够使清爽感更强烈。

③蓝色和绿色同时使用时，两者之间可以选择一种为淡色调，另一种的纯度可稍高一些，再搭配大量的白色，能够形成层次，属于此类色彩印象中比较开放的一种配色方式。

④与所用蓝色或绿色明度接近的灰色，也可以加入到色彩组合中，用来表现清爽的感觉。

⑤清爽的色彩印象应尽量避免高纯度暖色的出现，即使作为点缀色，也建议以花卉的形成表现出来，否则很容易破坏清爽的感觉。

## 淡蓝色或淡绿色为主的配色

清爽即为清新、爽快，明度越是接近白色的蓝色或绿色，越能体现出清爽的感觉，以冷色为主，低对比度，整体配色融合感强，是此类色彩印象的最显著特点。清新感的塑造也同样离不开白色，无论是淡蓝色还是淡绿色与白色组合都会显得很整洁、舒爽。

▲大量的白色装饰顶面、墙面，而后搭配淡绿色的床品，整洁而清爽。

▲淡淡的蓝色装饰墙面，搭配白色的沙发和深蓝色的软装饰，犹如海风拂面，非常清爽。

## 一看就懂的清爽印象配色分类

### 1 白色+蓝色

明度接近白色的淡色调蓝色，能够传达出清凉与爽快的清新感，若搭配白色则更能够强化这种氛围。这种配色非常适合小户型或者炎热地带，能够给人宽敞、整洁的感觉。

### 2 白色+绿色

与淡蓝色系相比，中性色的淡绿色或淡浊绿色清新中又带有自然感，更加惬意，不会让人感觉过于冷清。用大量的白色与其组合就能够塑造出清爽的感觉。

### 3 蓝色+绿色

这种组合同样需要搭配白色，当用蓝色与绿色组合时，可以选择一种色彩为高明度的淡色调，另一种的纯度稍高一些，比同时使用淡色调或淡浊色调的搭配方式，层次更丰富一些。

### 4 浅灰色

用浅蓝色或浅绿色组合类似色调的灰色，同样具有清爽感，同时还多了温顺、细腻的感觉。灰色采用淡色调或淡浊色调，灰色选择浅灰色、米灰色等组合效果最佳。

**一学就会的配色技巧**

家居配色的基础知识

色彩对居室环境的影响

不完美配色的调整

家居配色与居住者

Chapter 5

家居空间配色印象

家居配色与装饰风格

## 1 纯粹的蓝白组合，蓝色可深一些

如果仅使用白色和蓝色组合，没有任何其他色彩加入进来表现清爽的感觉，那么蓝色除了采用淡色调或淡浊色调外，还可以采用纯度较高的色调，用高纯度蓝色组合，淡蓝色与白色搭配，清凉还不乏层次感。

## 2 避免高纯度暖色的出现

此类配色印象的总体感觉是柔和、清新的，应避免高纯度暖色的出现，即使是一件纯色调暖色饰品，也会破坏清爽的感觉。当主色确定，选择配色时，尽量选择靠近色调，如柔和的淡粉灰色、淡紫灰色、淡黄灰色。

## 3 木料、棉麻比皮料更清爽

清爽感的色彩印象，用木料、棉麻类的自然类材料来承托色彩要比皮革类的特征更明显，因为木料和布料给人的感觉非常柔和，符合清爽感的选色理念，即使木料经过刷漆处理也仍然具有此种感觉。

## 4 碎花或白底淡蓝色花纹壁纸

同样配色的壁纸选择碎花图案的比大花图案更适合表现清爽感，如果喜欢大花壁纸，可以选择白底色，带有淡蓝色、淡绿色或者同时带有淡蓝色、淡绿色、淡黄色的类型，花型不宜过于夸张，自然事物图案最佳。

## 一看就懂的配色实例解析

### 1 白色+蓝色

**解析：淡蓝色搭配白色和米色。**

淡浊色调内，将白色、米色和蓝色组合，相近的色调使配色整体感觉很稳定，效果清新而又带有一丝柔和感。

**解析：蓝色和白色穿插出现。**

白色组合蓝色做主色，清新、纯净，两者以穿插的形式结合，这种双色的穿插，具有层次感但并不凌乱，反而显得很统一，绿色以植物装饰的形式加入进来，使色彩整体融合得更自然。

### 2 白色+绿色

**解析：白色和浅黄绿色穿插使用。**

浅黄绿色和白色组合的墙面壁纸，给人清新而又充满春天般的感觉，用同样绿色的沙发与其搭配，更显清爽，非常适合小面积的空间。

**解析：淡浊调的绿色搭配大量白色。**

白色为主色的空间中，用淡绿色的沙发做软装的主色，搭配少量浅灰色，塑造出文雅、干净的感觉，其中，白色软装的穿插，使家具的色彩与墙面相呼应，更具整体感。

家居配色的基础知识

色彩对居室环境的影响

不完美配色的调整

家居配色与居住者

家居空间配色印象 Chapter 5

家居配色与装饰风格

# ③ 淡蓝色+淡绿色

**解析：不同色调的蓝色搭配绿色和白色。**

淡雅的蓝色具有显著的清爽感觉，搭配白色使这种感觉更突出，且增加了干净、透彻的感觉。两者之间加入中间调绿色做调节，避免整体氛围过于冷清，使效果更为舒适。

**解析：白色搭配相近色调的绿色和蓝色。**

空间面积不大，白色占据主要地位，以扩展空间面积，彰显宽敞、明亮的氛围，配以淡湖蓝色和淡黄绿色为主的软装，增添了清淡、干净的感觉。整体色调非常接近，使人感觉柔和。

# ④ 浅灰色

**解析：浅米灰色和浅蓝色组合。**

淡雅的米灰色与冷色系的浅蓝色搭配，产生了干净、清新的色彩印象，同时用灰色调中同色相不同明度来调节层次，避免单调感，少量的绿色点缀，增添了文艺范儿。

**解析：浅蓝色和浅灰色穿插的出现。**

色调淡雅的浅蓝色与白色搭配，塑造出干净、整洁的整体感，搭配浅灰色和浅茶色组合的家具，传达出清新而又具有细腻感的氛围，用灰色来表现清新感，一定要注意色调，尽量淡雅、微弱。

# 浪漫的配色印象

①表现浪漫的配色印象，需要采用明亮的色调营造梦幻、甜美的感觉，例如粉色、紫色、蓝色等，非常适合表现这种印象。

②紫色具有浪漫感和高雅感，但个性太鲜明很难操控，可以作为配色使用，与粉色、蓝色等搭配组合。

③粉色是塑造浪漫感很难缺少的色彩，作为背景色使用即使只搭配白色，也非常浪漫，即使只是作为辅助色或点缀色，组合蓝色等也能使空间具有浪漫感。

④蓝色表现浪漫，一定要确保色调为明色调，浊色调或暗色调没有纯粹的感觉，都不合适。

⑤将多种色彩组合表现浪漫感，最安全的做法是用白色做环境色，也可以根据喜好选择其中的一种做环境色，其他色彩有主次地分布。

### 具有童话感的色调组合最浪漫

两组配色使用一样的色相，色调越纯粹整体效果越具有活力，色调越明亮，给人的感觉越纯真、浪漫，其中，紫色、粉色、蓝色很适合用来表现浪漫感。若将黄色、绿色加入到组合中，就会具有纯真的氛围。

▲以明亮的粉色装饰居室，总是能够表现出浪漫的感觉，无论是搭配中性色还是冷色，都具有纯真、甜美的感觉，白色也是必不可少的色彩，能使整体配色更具透明感。

**一看就懂的浪漫印象配色分类**

## 1 紫色

淡雅的紫色具有浪漫的感觉，同时还具有高雅感。但紫色是非常个性的色彩，建议组合使用，将明亮的紫色和粉色组合起来作为软装的主色，浪漫感更浓郁，若搭配白色显得更纯净。

## 2 粉色

或明亮、或柔和的粉色都能够给人朦胧、梦幻的感觉，将此类色调的粉色作为环境色，浪漫氛围最强烈，若同时搭配黄色更甜美，搭配蓝色更纯真，搭配白色会显得很干净。

## 3 蓝色

用蓝色表现浪漫感，需要选用最具有纯净感的明色调，可以组合类似色调的其他色彩，例如明亮的黄色、紫色、粉色等。使用蓝色切忌选择深色调或暗色调，这类色调完全没有浪漫感。

## 4 多色彩

在多色彩搭配表现浪漫感时，粉色属于必不可少的一种色彩，即使是作为点缀色也能够增添甜美感。其他色彩如紫色、蓝色、黄色、绿色可随意选择，但主色调应保持在明色调上。

家居配色的基础知识

色彩对居室环境的影响

不完美配色的调整

家居配色与居住者

家居空间配色印象

Chapter 5

家居配色与装饰风格

## 1 明亮的色调具有梦幻感

明亮的粉色、粉紫、紫红、淡蓝和果绿之间的几种组合起来能够塑造浪漫的氛围。反之，如果使用纯色调、暗色调或者冷色调的色彩互相搭配则不会产生甜美、朦胧的效果。

## 2 冷色恰当组合也能表达浪漫感

塑造具有朴素感的家居空间，应尽量避免高彩度色彩的大面积出现，如果做点缀使用，数量也不宜超过2种，否则很容易改变配色印象。反之，如果想要改变素雅的配色，加入一些高彩度色彩即可。

## 3 辅助色和点缀色可选近似色

在不破坏朴素感的前提下，为居室选择一些点缀色能够增添层次感，选择与环境色或重点色为近似型的色彩，且采用灰色调或暗色调，是最不容易破坏现有配色印象的方法。

## 4 可点缀高明度色彩数量需控制

塑造浪漫的氛围，主要依靠明亮且具有纯真感的色调来实现，高明度的色彩给人活泼的感觉，可少量的点缀活跃氛围增添层次感，但面积不能太大、数量不能过多，否则很容易改变整体的配色印象。

## 一看就懂的配色实例解析

家居配色的基础知识

色彩对居室环境的影响

不完美配色的调整

家居配色与居住者

Chapter 5 家居空间配色印象

家居配色与装饰风格

### 1 紫色

**解析：紫色作为辅助色与粉色搭配。**

紫色和粉色组合，是最快速、效果最显著的塑造浪漫感的配色方式，再搭配白色做环境色，更具纯真感。

**解析：藕荷色作为环境色搭配白色和粉色。**

顶面及墙面均采用藕荷色，并搭配了带有花纹的壁纸及窗帘，因此家具选择白色，可以显得明快一些，最后点缀少量粉红色，强化了浪漫、甜美的感觉。

### 2 粉色

**解析：淡粉色墙面搭配深粉色沙发。**

以粉色为主，墙面采用柔和的淡浊色调，而家具选择了浊色调的粉碎，加入少量的蓝色和黄色，塑造出了甜美、浪漫氛围。

**解析：粉色与白色间隔的组合。**

竖条纹的壁纸在增添浪漫感的同时还能拉伸房高，设计得非常周到，虽然条纹很多并不会让人感到混乱，反而非常甜美，家具的色彩选择墙面色彩的同类色，能够避免混乱感，也让浪漫感更强。

# ③ 蓝色

**解析：蓝色大面积使用搭配黄色和少量白色。**

明亮的蓝色同样可以表现浪漫感，将蓝色大面积地使用，搭配少量白色和淡雅一些的黄色，纯净而唯美，具有童话般的浪漫感。

**解析：不同色调的蓝色搭配紫色和白色。**

墙面采用纯净的淡蓝色，搭配不同明度的蓝色柜子，再配以紫色和白色组合的床品，层次丰富，近似色相的组合形式，使浪漫感更稳定、更浓郁，很符合色彩印象的设定。

# ④ 多色彩

**解析：黄色、蓝色、粉色和绿色组合。**

用具有阳光特点的黄色做环境色，搭配蓝色、粉色和绿色，色彩都非常纯净，塑造出了具有纯真感的浪漫氛围，犹如来到了童话世界。

**解析：黄绿色和粉色、白色组合。**

白色与淡黄绿色组合占据空间中大面积部分，而后配以黄绿色和少量淡粉色，充满了梦幻和纯真感。家具采用了与墙面同样的配色方式，是融合配色的一种手段，再添加甜美的粉色，使配色印象的特点更加强烈。

# 时尚的配色印象

家居配色的基础知识

色彩对居室环境的影响

不完美配色的调整

家居配色与居住者

Chapter 5 家居空间配色印象

家居配色与装饰风格

①每一年甚至每一个季度，时尚界总是有不同的流行元素出现，包括配色、图案等，将这些元素复制到家居配色中，就是时尚的配色印象。

②将时尚配色运用在家居中，可以整套复制一组流行色，也可以单独复制一种喜欢的色彩，再根据需要搭配其他的颜色。

③除了服饰界的流行元素外，如果爱好艺术，还可以将喜欢的画作的配色复制到家中，是一种经典的时尚配色方式。

④使用此类色彩时，如果是非专业人士，建议将它们作为重点色或辅助色使用，尽量不要大面积地用在墙面上，容易造成层次的混乱。

## 与时尚挂钩的配色

时尚界的流行总是变幻莫测的，今年流行黑白配，明年就流行起了婴儿色，除了从固定的配色印象中找寻合适的方式外，喜欢时尚的人士还可以从时尚界中获取配色的灵感，将其延伸到家居空间中来，例如近几年流行的马卡龙色或者爱马仕橙等。

▲作为常青树的爱马仕最经典的橙色，被称为爱马仕橙，将这种橙色引申到家居配色中，就是追求时尚的配色方式。

## 可选取一种流行色也可以全套复制

喜欢追寻时尚的人们，都有喜欢的流行色，有些色彩是单独流行的，但这种情况不多，大多数都是成组地推出，在将这种时尚的色彩用在家居中时，可以全套地"搬运"也可以选取一种最喜欢的色彩，而后根据想要塑造的效果自行扩展配色。

▲马卡龙色是近两年流行色的一种，源自于甜点马卡龙，服装设计师将其引用在了服装设计上，引起一股潮流。

▲左图采用了多种马卡龙色彩，将配色复制在家居中。右图仅选取了一种马卡龙色，而后自行延伸配色，也有流行感。

TIPS:
### 除了配色外还可以追寻图案的流行脚步

除了将时尚界流行的配色用在家居空间中外，还可以将流行的图案用在家居中，最方便的方式是更换软装，例如秋季潮流走势为条纹，就可以在软装饰中加入条纹元素，到下一个季度换为格子时，又可以随时更换成格子，既满足了时尚追求又非常省力。

# 一学就会的配色技巧

家居配色的基础知识

色彩对居室环境的影响

不完美配色的调整

家居配色与居住者

Chapter 5 家居空间配色印象

家居配色与装饰风格

## 1 有种时尚叫经典

时尚界不仅仅包括服装，还有艺术也属于时尚的一种，例如一些经典的画作，永远属于时尚的范畴，如果业主是艺术爱好者，可以选择喜欢的画作，将上面的色彩重新组合，用在家居空间中。

## 2 不要盲目地开始配色

这样延伸出来的配色跟现有的配色印象不同，没有固定的套路可循，在选定色彩后，不要盲目地将其用在家居中，很容易造成层次的混乱。根据所选色彩的色相，思考一下大致想要的色彩印象，而后再配色。

## 3 用在重点色或辅助色上

将这些时尚的色彩用作重点色或辅助色是很安全的做法，如果用在墙面上，面积过大，如果考虑得不周全，很容易凸显户型的缺点，而采用白色墙面无论什么颜色都可以容纳，容易获得协调的效果。

## 4 用小物件彰显时尚配色

每年都会有一些流行的围巾推出，新的配色或新的图案，那些大块面的围巾还可以作为盖毯使用，可以购买与其配色或图案相差不多的围巾，用在家中的床上或者沙发上，同样也是一种对时尚的复制。

# Chapter **6**

# 家居配色与装饰风格

简约风格家居配色

北欧风格家居配色

田园风格家居配色

美式风格家居配色

东南亚风格家居配色

新中式风格家居配色

新古典风格家居配色

地中海风格家居配色

# 简约风格家居配色

①简约的精髓是简约而不简单，最大的特点是简单明快、实用大方，配色也遵循风格特点，多采用黑、白、灰为主色，以简胜繁。

②即使是同一种色彩，也经常会采用不同材质来组合，以凸显其用色、选材的精细。

③高饱和度的两色经常作为点缀使用，为配色效果增加些个性感，用色大胆而灵活。

④大方的配色方式还要组合简约、利落的造型，如果造型和装饰过于复杂，也会失去简约风格的特点。

⑤用无色系的色彩与其他色彩组合时，若所使用色彩的色调发生变化，最后的效果也会发生一些变化，在配色时，可以善用这一点。例如黑色搭配深蓝和黑色搭配浅蓝，视觉上就有微妙的区别。

⑥如果想要活泼一些的氛围，可以在无色系的环境色下，多使用一些彩色的色相进行组合。

## 造型简约，配色就要突出

简约风格的特点是简洁明快、实用大方，它将设计元素、色彩、照明、原材料简化到最少的程度，但对色彩，材质的质感要求非常高。因此，简约的空间设计通常非常含蓄，往往达到以简胜繁、以少胜数的效果。简约就是简单而有品位，这种品位体现在配色设计上对细节的把握，每一个细小的局部和装饰，都要深思熟虑，其最大的特点是同色、不同材质的重叠使用。

▲以白色为主色，搭配暗棕色，搭配简约的造型，明快、简洁。

▲淡米黄色的墙面，搭配米色的沙发和深棕色茶几，大气利落的造型，温馨而实用。

**一看就懂的简约风格家居配色分类**

家居配色的基础知识

色彩对居室环境的影响

不完美配色的调整

家居配色与居住者

家居空间配色印象

Chapter 6

**家居配色与装饰风格**

## ① 无色系+暖色

用黑、白、灰三种颜色中的一种或两种，组合红色、橙色、黄色等高纯度暖色，能够塑造出亮丽、活泼的氛围。若搭配低纯度的暖色，则具有温暖、亲切的感觉。

## ② 无色系+冷色

无色系中的黑、白、灰，搭配蓝色、蓝紫色等冷色相，能够塑造出清新、素雅、爽朗的氛围。根据所搭配冷色调的不同，给人的感觉也相应地发生变化。

## ③ 无色系+中性色

总的来说，不同色调的绿色都有自然感，紫色有典雅、高贵的感觉。用无色系中的不同色彩与中性色组合，使用环境色和重点色的不同，氛围也会有不同的变化。

## ④ 多色彩组合

近似色组合稳定中具有层次感和微弱的活跃感；对比色具有极强的活跃性及张力，能够第一时间吸引人的视线；而若同时使用多种色相组合，是层次感最为丰富的配色方式。

## 5 无色系

无色系内的黑、白、灰三色组合，是最为经典的简约配色方式，效果时尚、朴素。以白色为主，搭配灰色和少量黑色的配色方式最适合大众使用，对空间没有面积的限制。

## 6 白色+灰色/黑色

明度高的灰色具有时尚感与白色搭配，做环境色或重点色均可，明度低的灰色可以以单面墙、地面或家具来展现；黑色和白色组合，宜以白色做大面积使用，黑色穿插，这样的效果较明快。

## 通常以黑、白、灰为主色

现代简约风格家居的色彩设计，通常以黑、白、灰色为大面积主色，搭配亮色进行点缀，黄色、橙色、红色等高饱和度的色彩都是较为常用的几种色调，这些颜色大胆而灵活，不单是对简约风格的遵循，也是个性的展示。

▲简约风的家居空间内，离不开无色系的黑、白、灰为重要的角色的配色形式，如环境色或重点色，配色多大胆、个性，符合简约的特征。

# 一学就会的配色技巧

家居配色的基础知识

色彩对居室环境的影响

不完美配色的调整

家居配色与居住者

家居空间配色印象

Chapter 6 家居配色与装饰风格

## 1 黑色不适合小空间大面积使用

黑色具有神秘感，大面积使用容易使人感觉阴郁、冷漠，可以做跳色，以单面墙或者主要家具来呈现。黑色为主的简约配色具有神秘、肃穆的氛围，小空间不宜大面积使用。

## 2 用图案强化个性感

觉得平面的黑、白、灰有些单调，可以大胆的使用一些图案，例如将黑色和白色的墙漆涂刷成条纹的形状，再搭配少量的高彩度色彩做点缀，仍然是无色系为主角，但却十分个性。

## 3 轻快或硬朗配色的搭配方式

轻快的配色能使人感觉惬意、轻松，可以选择橙色地毯，黄白印花的窗帘或床品，沙发用灰色系，再搭配一些绿色植物；若采用红色的地毯，蓝白色窗帘，黑、白色家具，墙和天花板也为白色，则效果硬朗。

## 4 轻柔或华丽配色的塑造技巧

轻柔的配色，地毯和窗帘可采用红加白的配色，搭配白色的家具，用淡蓝色点缀空间，增添浪漫气氛；华丽的配色，沙发可采用酒红色，地毯暗红，墙面用米色，局部点缀金色，加上一些蓝色作为辅助。

# 一看就懂的配色实例解析

## ① 无色系+暖色

**解析：白色搭配纯色调的粉红色。**

白色为主的简洁配色中，加入一张接近纯色的粉红色沙发，气氛一下子变得具有动感起来，这样的配色方式大胆而灵活，亮丽而能体现简约风。

**解析：灰色、白色组合搭配浅茶色。**

灰色与白色穿插结合，呈现出层次感，且重复地出现在床品和家具上，再搭配与黑色调接近的浅茶色，虽然配色数量少，但并不缺乏层次，表现出简约的主题。

## ② 无色系+冷色

**解析：暗蓝色组合浅灰色。**

家具采用淡雅的蓝色，白色墙面搭配，显得整洁、干净，地面采用了温馨的原木色地板，与沙发又形成了冷与暖的碰撞，简约、舒适而不乏个性。

**解析：浊调湖蓝色搭配中灰色。**

墙面使用了比较暗的蓝色，沙发和地面的明度就稍高一些，重心在中间部分，有动感，这样的配色在白色的衬托下，显得简约具有素雅感。

## ③ 无色系+中性色

**解析：暗绿色为重点色组合灰、白环境色。**

暗绿色与白色组合作为墙面色彩，再搭配灰色和浅茶色组合配色的软装，塑造出了具有坚实感和高级感的简约家居。

**解析：灰色和深绿色组合。**

家具选择灰色系，与米色的地面组合形成了色调上的对比，沙发上点缀以深绿色的靠枕，增添了品质感，色彩数量的精简，正符合了简约风格的特点，简练而精致。

## ④ 多色彩组合

**解析：多色块拼接的地毯装饰空间。**

比起自行拼接的色块，经过设计师设计的拼接色块产品更容易获得好的效果，例如地毯，搭配白色的墙面和简洁的家具，用出挑的配色彰显出了风格的特点。

**解析：浅粉色搭配白色、黄色和蓝色。**

多种纯色调的色彩组合，氛围应该是活泼的，但以粉色涂刷墙面又柔化了这种活泼感，再搭配黄色、白色和蓝色组合的床品，显得非常纯真。图案的使用和家具简洁的造型，配以个性的配色凸显出了简约风格的特征。

家居配色的基础知识

色彩对居室环境的影响

不完美配色的调整

家居配色与居住者

家居空间配色印象

Chapter 6 家居配色与装饰风格

# 5 无色系

### 解析：白色为主色搭配黑色和少量灰色。

白色占据了绝对的面积优势，并穿插在环境色和家具中，使空间的"硬件"配色和"软件"更具整体感。浅灰色和黑色的点缀虽然丰富了层次，但并不会破坏整洁感。

### 解析：白色搭配黑色和少量灰色。

空间面积不大，以白色装饰墙面增添明亮感，搭配厚重的黑色和少量浅灰色，形成了典型的简约风格配比，使空间显得简约又个性，同时又符合男性的色彩印象，很适合用于男性家居中。

# 6 白色+灰色/黑色

### 解析：多色调的灰色组合搭配白色和黑色。

具有简约代表性的不同明度的灰色，占据了空间中的最大面积，而后是明度相差较大的白色和少量黑色，同一色系的组合虽然色调相差大，也并没有凌乱感。

### 解析：白色搭配少量黑色彰显简约。

背景墙以纯净的白色为主，搭配少量黑色做点缀，软装也复制了这种配色方式，虽然空间中的色彩很少，但明暗形成了节奏感，以及家具超脱常规的造型更显个性。

# 北欧风格家居配色

家居配色的基础知识

色彩对居室环境的影响

不完美配色的调整

家居配色与居住者

家居空间配色印象

Chapter 6

家居配色与装饰风格

①北欧风格源自于欧洲北部的挪威、丹麦、冰岛等国家，这部分地区基本没有污染，非常纯净，所以风格的特点就是纯净。

②黑与白是最经典的北欧风色彩，配以天然的木质材料，即使色彩少也不乏味，反而特别纯净，如果觉得单调，可以用木色做过渡。

③在黑白组合中加入灰色，能够实现明度的渐变，使整体配色的层次更丰富，也显得更为朴素。

④木质材料是北欧风格的灵魂，即使仅采用白色与木料搭配，再配上极简造型的家具，也不会感觉单调。

⑤在所有的色彩中，浊色调的蓝色、绿色还有稍微明亮一些的黄色，可以用来装饰北欧风格。

⑥除了运用配色外，还应结合此风格特有的家具，才能够彰显出北欧的特点。

## 干净、明朗的配色

北欧风格，是指欧洲北部国家挪威、丹麦、瑞典、芬兰及冰岛等国的室内软装设计风格。室内完全不用纹样和图案装饰，只用线条、色块来区分。色彩的使用非常朴素，主色常见为白色、黑色、棕色、灰色、浅蓝色、米色、浅木色等，其中有特色的就是黑白色的使用，常以黑白两色为主，不加其他任何颜色，给人干净的感觉，或将其做重要的点缀色使用。

▲因多使用自然材质，即使是素雅的色彩组合，也不会让人觉得单调、乏味，这是北欧风格的一大特点。

# 一看就懂的北欧风格家居配色分类

## 1 白色+黑色

北欧风格中比较经典的一种色彩搭配方式，能够将北欧风格极简的特点发挥到极致。通常是以白色做大面积布置，黑色做点缀，若觉得单调或对比过强，可以加入木质家具调节。

## 2 白色+灰色

与白色搭配黑色相比，白色与灰色组合，仍然呈现简约感，但对比感有所减弱，要更细腻、柔和一些，整体呈现素雅感。

## 3 黑、白、灰

白色、灰色、黑色组合，三种色彩实现了明度的递减，层次较前两种配色方式更丰富。这是最体现北欧极简主义的一种配色方式，大部分情况下是以白色为主色，灰色辅助，黑色做点缀。

## 4 棕色

棕色系包含了棕色、咖啡色、茶色等，在北欧风格中，通常与白色或灰色穿插搭配，偶尔加入带有黑色花纹的饰品，朴素而又具有一丝温暖的感觉，属于北欧风格里最具厚重感的配色方式。

## 5 原木色

木质材料是北欧风格的灵魂，淡淡的原木色最常以木质家具或者家具边框呈现出来，多组合大面积白色或灰色，是非常具有北欧特点的一种配色搭配方式。

## 6 蓝色、绿色

北欧风格很少使用纯色调的蓝色和绿色，最常用的是浊色调或淡浊色调的色彩，通常是作为软装的主色或点缀色存在，与不可缺少的白色或灰色组合，能够塑造出具有清新感的氛围。

## 7 黄色

在黑、白、灰的素色世界里，增添一点儿明亮的黄色，就犹如射进了一束阳光。黄色是北欧风格中可以适当使用的最明亮暖色，与白色或灰色搭配最适宜，可以用在抱枕上，也可以用在座椅上，若椅子的材料非全部木料，建议采用原木腿的简洁款式。

### 宜家的自组装方式是北欧家具的代表

精练简洁、线条明快、造型紧凑，实用和接近自然是北欧风格的特点。除了色彩之外，家具的造型也是风格的重要组成部分，除了沙发外的家具尽量选择那些可拆装折叠、可随意组合的款式，最好是木质品，最具代表性的就是宜家产品。

实现北欧风的最简单、快速的方式是白顶、白墙，不要任何造型，或选择一点儿素色的花纹壁纸，沙发尽量选择灰色、蓝色或黑色的布艺产品，其他家具选择原木或棕色木质，在点缀一点儿带有花纹的黑白色抱枕或地毯，就轻松完成。

## 一学就会的配色技巧

### ① 配色最常以白色为主

最常见以白色为主，使用其他代表色彩或者鲜艳的纯色作为点缀。纯色使用很少，多使用中性色进行柔和过渡，既使用黑、白、灰搭配营造强烈效果，也用素色家具或中性色软装来调和。

### ② 木材是风格的灵魂

材料多为自然类，如木、藤、柔软质朴的纱麻布品等。各种木质材料本身所具有的柔和色彩，展现出一种朴素、清新的原始之美，代表着独特的北欧风格。窗帘地毯等软装搭配上，偏好棉麻等天然质地。

### ③ 为北欧风格加入一点儿新元素

纯真的北欧风格墙面是没有任何造型和花纹的，所用色彩也多为柔和、朴素的类型，在不改变整体设计理念的情况下，可以对这些元素做一点儿改变，适当地加入一些素雅的纹理或低纯度的色彩，更适合现代居室。

### ④ 少量纯色与白色组合更显纯净

北欧风格因其地域的特点，给人最深刻的印象就是纯净，在大量白色与少量灰色组合的空间中，少量使用一点儿纯美色调的彩色装饰，如吊灯、花瓶等，能够让纯净感更突出。

# 一看就懂的配色实例解析

家居配色的基础知识

色彩对居室环境的影响

不完美配色的调整

家居配色与居住者

家居空间配色印象

Chapter 6 家居配色与装饰风格

## ① 白色+黑色

**解析：白色大面积运用，搭配少量黑色家具。**

将白色、黑色的组合用木质材料表现出来，无形中弱化了黑白色的对比感，多了一丝温润感，简约中蕴含着亲切感。

**解析：白色做环境色和重点色，黑色辅助。**

巧妙的黑白交错是北欧风餐厅搭配的典范，白墙搭配黑色为主色的装饰画，白色的餐桌搭配黑色的餐椅，软装布置非常简约，却表现出了北欧风的精髓。

## ② 白色+灰色

**解析：白色搭配不同色调的灰色。**

以大面积的白色搭配不同色调灰色，以及点缀式的浅茶色，将北欧风格中的简约特征彰显得淋漓尽致。

**解析：白色环境色搭配灰色重点色。**

素净的白墙搭配灰色的沙发以及浅木色的边几，表现出北欧风素净、简约的感觉，蓝绿色和黑色增添层次感。

## ③ 黑、白、灰

**解析：白色结合灰色为主，黑色点缀。**

白色运用在环境色上，搭配湖色为主的家具，点缀少量黑色，朴素而简洁，穿插的结合方式，使配色具有很强的整体感却并不感觉单调。

**解析：灰色和白色穿插的组合。**

将白色用在占据视觉中心的墙面和沙发上，使空间显得简洁、宽敞而明亮，符合北欧风格的诉求。浊色调的灰色与白色穿插，出现在墙面、沙发及地面上，再加入少量的原木色，使北欧特征更加强烈。

## ④ 棕色

**解析：灰色、白色与深棕色组合。**

灰色的布艺沙发与白色木质茶几、棉布靠垫以及棕色的角几和边柜组合，朴素而具有柔和感，色彩数量虽少，但协调的组合方式，并不会让人感觉单调。

**解析：黑、白、灰搭配做旧的棕色。**

餐厅空间布局和色彩组合都非常简单，切合北欧风格家居的简约纯净风格。简单、整洁的木质餐桌，老式的棕色木椅与白色铁椅组合，再加入一块浅灰色的地毯，让这个小餐厅显得宽敞、素雅，又不乏舒适的感觉。

# ⑤ 原木色

**解析：灰、白色搭配原木地板。**

白色的墙面营造出纯净的家居氛围，原木地板的铺设为空间带来了自然而温暖的气息。少量灰色以重点色呈现出来，让家居色调在保持明亮的同时得以中和。

**解析：原木色作为点缀与白色组合。**

大量的白色用在墙面和家具中，搭配简洁的造型，具有典型北欧特征，再配以原木色以及蓝绿色的结合，表现出风格以自然、简约为主的特征。纯净的色彩组合方式，适用于任何面积的家居空间，体现了风格的人性化。

**解析：暗暖色作为重点色。**

白色打底，用在顶面和墙面上，地面采用原木色地板，拉开了空间的高度，同时显得很稳定，选择一组灰色为主、柔和的蓝色为辅的沙发，搭配白色和原木色，塑造出了清新、唯美又不乏柔和感的北欧氛围。

**解析：白色搭配原木色。**

北欧风的一个特点就是减少空间造型的使用，而用色块划分空间。本案例就很好地体现了这一点，上半部分全部采用白色，原木色集中在下方位置，虽然色彩大块面地分色，却并没有突兀的感觉，反而显得简洁又不失温馨感。

## 6 蓝色、绿色

**解析：淡浊色调蓝色搭配白色和浅灰色。**

北欧风格给人的感觉是纯净的，使用淡浊色调的蓝色恰好能够凸显这种感觉，再配以少量的白色和浅灰色，强化了这种感觉也增添了柔和感。

**解析：浊调绿色与原木色组合。**

北欧风格的空间也不是千篇一律的黑白色，在白色的映衬下，采用原木与灰绿色搭配，也可以打造简洁北欧风的居室，原木与清新的绿色融合，在大窗口采光的结构下，让空间显得明亮而舒适，充满惬意感。

## 7 黄色

**解析：无色系搭配浊调黄色。**

空间中的主要部分采用了北欧风最经典的黑、白、灰组合，白色大面积使用，灰色用在地面，黑色做点缀，再加入两张浊调的黄色椅子，为传统的北欧风格增添了一点儿新意。

**解析：白色与木色组合，黄色、绿色点缀。**

在白色为主的环境中，稍稍一点儿色彩就会显得很突出，黄色的使用为空间增添了一点儿跳跃感，同时黄色与地面的原木色属于邻近色，所以并不显得突兀，再搭配少许深绿色，增添了层次感。

# 田园风格家居配色

家居配色的基础知识

色彩对居室环境的影响

不完美配色的调整

家居配色与居住者

家居空间配色印象

Chapter 6 家居配色与装饰风格

①田园风格的种类并不是单一的，常见的有韩式田园、英式田园、法式田园等，不论源自于哪一个国家，亲切、悠闲是它们的共同点。

②绿色和大地色是最具代表性的田园色彩，用任何一个做主要配色，延伸一些自然界中的常见颜色，都田园韵味十足。

③在塑造田园风格的家居时，尽量避免黑色和灰色的大量出现，它们具有明显的都市感，在弱色调的组合中，很容易抢占注意力，使配色失去悠闲感。

④用绿色或大地色系搭配如黄色、紫色、蓝色、红色等色彩，搭配的色彩数量越多越具有春天的感觉，但需要注意主次，避免混乱。

## 亲切、回归自然的配色方式

　　田园风格是以田地和园圃特有的自然特征为形式手段，给人亲切、悠闲、朴实的感觉，其设计核心就是回归自然。田园风格中的色彩均是大自然中最常见的色彩，如绿色、黄色、粉色以及大地色系，需要注意尽量避免大面积使用现代气息浓郁的色彩，如黑色、灰色等。田园风格在色彩方面最主要的特征就是舒适感。

▲表现田园风格不宜出现灰色、黑色等过于都市的色相，同样是绿色，右图搭配灰色就失去了悠闲的感觉。

# 一看就懂的田园风格家居配色分类

## 1 绿色+白色

　　绿色是最具代表性的田园配色，做环境色或重点色均可，搭配白色或具有清新的感觉。这种配色若大面积使用白色，绿色做重点色就非常适合用在小户型中。

## 2 绿色+红色

　　绿色与红色搭配象征花朵，但两者的纯度不能过于类似，红色出现的最佳方式是花卉或者带有花朵图案的壁纸，这样虽然两者是对比色，却不会显得刺激。

## 3 绿色+粉色

　　粉色比红色的刺激感要少很多，用粉色组合绿色宜使用淡雅的色调，例如淡浊色调或浊色调，能够为田园风格增添一丝甜美的感觉，若组合中同时加入白色，则更具纯洁感。

## 4 绿色+大地色

　　此种配色组合形式源自于土地与绿树、绿草等自然界的景象，因此大地色搭配绿色具有浓郁的大自然韵味。两个色相在组合时，可以从色调上拉开一些距离，以增加层次感。

## 5 绿色+多色彩

绿色搭配黄色具有温暖、舒畅的感觉；与红色、粉色搭配显得甜美；与蓝色为近似色，组合起来具有清新感；搭配大地色具有亲切感，当绿色与这些色彩组合时，能够获得非常丰富的效果。

## 6 大地色+白色/米色

这是不改变大地色系素雅、亲切的色彩印象，同时又能增添一些明快感或柔和感的田园配色方式。白色或米色可以用在墙面上，搭配大地色系的家具就非常舒适。

## 7 大地色系组合

棕色、褐色、茶色、咖啡色等，组合搭配做主色或配色，具有浩瀚、沉稳的效果。如果想要避免明快的感觉，墙面可以使用米色或者米黄色而不使用白色，效果会更温和，但不适合小户型。

## 8 大地色系+多色彩

大地色搭配蓝色多见于英式田园中，两者组合能够增添一丝清爽感，同时具有绅士感，建议蓝色采用浊色调，且面积不宜过大；大地色同时组合绿色和黄色具有非常悠闲的感觉；若与白色搭配的同时加入一点儿柔和的紫色，则很温柔。

## 一学就会的配色技巧

### ① 不是所有的绿色都有自然韵味

想到自然，最具代表性的色彩就是绿叶的绿色和大地的褐色。但也不是所有的绿色都可以表现出自然韵味，淡雅的绿色系就显得浪漫而自然感少一些；偏向于冷调的深蓝绿色就显得过于暗沉。

### ② 冷色和艳丽暖色不宜大面积使用

田园氛围表现的是一种自然的、充满生机的舒适氛围。因此，不宜使用大面积的冷色，特别是暗冷色过于冷峻，没有舒适感。艳丽的色彩，如橙色、红色等，同样不宜大面积地使用，可仅做点缀。

### ③ 配色目的为展现舒适的意境

大面积的色彩以浅色为主最佳，例如米色、浅黄绿、浅黄色、嫩粉、淡米黄等，点缀的纯色可选择黄、绿、粉、蓝等；或以原木色的棕色、茶色等为主，配色时要防止层次不清，可在明度上做对比。

### ④ 绿植必不可少

最能够强化自然氛围的莫过于绿色植物，比起其他人工的装饰来说，这种自然的装饰加入到配色中会更舒适，不论是大的盆栽还是小的爬藤植物，将它们穿插在家居中，就能带来勃勃生机，符合田园风格的主旨。

# 一看就懂的配色实例解析

家居配色的基础知识

色彩对居室环境的影响

不完美配色的调整

家居配色与居住者

家居空间配色印象

Chapter 6

家居配色与装饰风格

## 1 绿色+白色

**解析：黄绿色与白色穿插组合。**

墙面选择了一款黄绿色底色白色花纹的壁纸，与木地板结合表现田园感，而沙发的配色延伸了墙面的形式，用白色和绿色穿插，使风格强化。

**解析：白色、米色搭配绿色。**

白色和明度与白色接近的米色构成了空间的主色，塑造出整洁、宽敞的基调，绿色虽然面积不大，但占据了视线中心点，使田园氛围更显著。做旧的木质家具，增添了淳朴的感觉。

## 2 绿色+红色

**解析：白色组合红绿结合的花纹。**

以白色为基调，用图案的方式让红色与绿色糅合在一起，且软装图案采用了明显的田园纹样，塑造出充满自然韵味的空间。

**解析：蓝色底色下红色与绿色结合。**

浅蓝色底色带有红、绿花朵图案的壁纸融合了床品清新感和田园感，再配以少量白色，使此种色彩印象更强烈。将壁纸和床品配套能够强化整体感和风格特征，是不错的方法。

## ③ 绿色+粉色

**解析：粉色和绿色组合出现在空间。**

　　墙面采用了粉色和绿色结合的壁纸，塑造田园的基调，家具的配色也从中选取了粉色和绿色，除了强化田园感外，还增添了甜美的感觉。

**解析：白底粉色壁纸搭配绿色家具和靠枕。**

　　粉色的碎花图案具有明显的田园特征，再搭配绿色的做旧木柜和浅茶色的藤椅，使田园的悠闲感更浓郁，而绿色同时还出现在靠枕上，用重复的方式，使整体配色的融合感更强。

## ④ 绿色+大地色

**解析：浊调绿色与大地色系组合。**

　　绿色木质橱柜具有质朴感和田园感，搭配菱形花纹的瓷砖，有了一点儿动感，再选择大地色的木质座椅，就具有了浓郁的田园氛围，地面的图案与墙面有类似部分，所以不显得凌乱。

**解析：绿色用在墙面搭配大地色家具。**

　　室内家居均选择了自然类的材质，配以大地色系与白色、绿色的色彩组合方式，再搭配花鸟图案的靠枕，虽然没有明确的田园风造型，但通过色彩和材质的双重组合，使空间中也彰显出了浓郁的田园氛围。

## ⑤ 绿色+多色彩

**解析：绿色搭配红色、蓝色、大地色。**

本案例的色彩组合能够让人联想到土地以及上面盛放的花朵，质朴却不乏生机，其中红色是点睛之笔。虽然色彩数量较多，但组合形式类似，并不会显得凌乱。

**解析：白色为主搭配绿色、红色、黄色。**

以白色为环境色，部分涂刷纯白，部分使用了壁纸，壁纸上融合了绿色、红色和黄色，且组合了具有田园特点的花纹，再配以做旧的绿色木柜，使田园特点更浓，彰显出清新而又舒畅的韵味，是典型的田园风格配色方式。

## ⑥ 大地色+白色/米色

**解析：米色搭配绿色和红色花纹。**

米色的布艺沙发比白色多了柔和感，再搭配白色的墙面又具有了层次感，地面使用了大地色地板，有泥土的感觉，整体配色十分简单，但风格特征鲜明，在诉说着田园情怀。

**解析：米色、白色搭配暗棕色。**

墙面上部分使用米色壁纸，下部分使用白色墙漆，柔和而又整洁，比起全部的白色或全部的米色看起来更具层次感，配以深棕色的木质家具，具有温馨而又悠闲的感觉。

## ⑦ 大地色系组合

**解析：不同色调的大地色与米灰色组合。**

浅茶色与旧白色交织在一起的餐桌，搭配同样配色的餐椅，两色彩都属于大地色系，这样的配色方式使整体感更强，地面使用了米灰色，增添了柔和的感觉。

**解析：少量白色搭配大地色。**

空间整体的配色给人柔和的感觉，因为采光非常好，所以墙面大量地使用了米灰色，家具配色与墙面呼应，并加入了色调深一些的浅茶色，同时配以自然类的材质，虽然没有绿色，也让人感觉到了田园氛围。

## ⑧ 大地色系+多色彩

**解析：米色搭配绿色和红色花纹。**

家具选择了白色组合米色和浅茶色的浅色调，使空间看上去更开阔，布艺选择了与墙面壁纸相同的图案，再搭配家具的天然材料，体现出了田园风格中舒适、亲切的一面。

**解析：大地色搭配绿色、蓝色和白色。**

壁纸虽然很淡雅但色彩数量却不少，如果整面墙使用未免显得有些乱，所以下部分采用了纯白色的木质。再搭配具有沉稳感的深咖色家具和棕色地板，清新而具有田园的悠闲感。

# 美式风格家居配色

家居配色的基础知识

色彩对居室环境的影响

不完美配色的调整

家居配色与居住者

家居空间配色印象

Chapter 6

家居配色与装饰风格

①美式风格以舒适、自由为导向，强调回归自然，配色多以大地色为主色，搭配蓝色、绿色、红色等色彩，自然、怀旧。

②除了大地色外，还有一种源自美国国旗的配色方式，即用蓝、白、红结合，色块穿插或直接以美国国旗的条纹样式使用。

③主要家具可以使用皮质，但多色彩厚重且宽大。主流仍使用棉麻、木类的自然材质，看上去粗糙，实则有精致的雕花。

④美式风格讲究历史的传承，大件的木质家具多有做旧痕迹，甚至有的是家传的，很有历史痕迹。

⑤在美式风格的家居中，很少使用过于鲜艳的颜色，即使是红色和绿色，色调也都靠近大地色。

## 质朴、天然的色彩搭配

美式风格摒弃了烦琐和奢华，以舒适机能为导向，强调"回归自然"，突出生活的舒适和自由。充分显现出自然质朴的特性，常运用天然木、石、藤、竹等材质质朴的纹理。这种特质自然地呈现在墙面色彩上，自然、怀旧、散发着浓郁泥土芬芳的色彩是美式乡村风格的典型特征。

▲美式风格的配色可以整体分为两种形式，一种是以美国国旗的颜色作为配色参考，一种是以大地色为主的配色。

**一看就懂的美式风格家居配色分类**

## 1 大地色系+白色

棕色、咖啡色等厚重的色彩与白色搭配，属于较为明快的美式配色，如果空间小，可以大量使用白色，棕色作为重点色或点缀色，若同时组合米色，色调有了过渡感，就显得柔和一些。

## 2 大地色+蓝色

属于比邻配色的一种演化，用淡雅的蓝色组合大地色，通常还会有白色加入进来，是最具清新感的美式配色，属于新型的美式风格，带有一丝地中海的感觉，但两者造型不同。

## 3 大地色系

传统美式风格最显著的特点就是厚重，无论是家具造型还是配色，都具有这种特点，而大地色系色彩的组合符合这一特点，此种配色方式具有质朴感和历史感。

## 4 大地色+绿色

与田园风格类似的配色形式，但美式风格中的家具更厚重、宽大，且有一些欧式的痕迹。通常为大地色系占据主要地位，绿色多用在部分墙面或者窗帘等布艺装饰上。

## 5 红色+绿色+大地色

用红色、绿色搭配大地色系，属于略带华丽感的配色方式，这里的红色和绿色很少使用淡色调或纯色调，多为与大地色系相近的色调，在稳定中寻求一点儿微弱的对比，彰显高级感。

## 6 红色+蓝色+白色

这种配色方式是美式的另一个代表型配色，三种色彩以条纹的形式出现，大面积地使用多出现在美式风格的儿童房中，若在客厅中可以布艺沙发或者软装饰的形式体现出来，大面积地用容易使人感觉晕眩。

### 绿色、土褐最常见，用材多为木料

美式风格配色中，绿色、土褐色最为常见。地面和家具多采用棕褐色木质，有踏实感。将所有配色进行归纳，美式乡村风格家居的主要配色可以分为两类。第一种是泥土的颜色，代表性的色彩是棕色、褐色以及旧白色。大地色配色主要有两种效果，一种具有历史感，一种清爽素雅。第二种是比邻乡村配色，最初的设计灵感源于美国国旗的三原色，红、蓝、白出现在墙面或家具上。

▲传统美式的家具多为深色调大地色木料材质，多有做旧的痕迹，体现一种历史感。

▲源于美国国旗的比邻式配色，条纹图案具有鲜明的民族特点，再搭配大地色家具，又兼容了厚重。

## 一学就会的配色技巧

### ① 用布艺的色彩和图案丰富层次感

布艺是美式风格中非常重要的一个元素，多采用本色的棉麻材料，天然的质感与美式风格非常协调，图案可以是各种繁复的花卉植物、亮丽的异域风情，也可以是鲜活的鸟虫鱼图案，能够丰富配色的层次感。

### ② 没有过于鲜艳的色彩

在美式风格中，没有特别鲜艳的色彩，所以在进行配色时，尽量不要加入此类色彩，虽然有时会使用红色或绿色，但明度都与大地色系接近，寻求的是一种平稳中具有变化的感觉，鲜艳的色彩会破坏这种感觉。

### ③ 从家具材料及款式上区别田园

美式风格严格地说也是田园风格的一种，所以配色上具有田园风格的特征，它与其他田园风格最明显的区别是家具的选材，即使是皮质家具也可以加入进来，但色彩要厚重，布艺沙发多带有木框架，且有雕刻花纹。

### ④ 比邻配色使用壁炉可用红砖

壁炉是美式风格的造型代表元素，但适合大空间不适合小空间，当在比邻配色的美式空间中设置壁炉时，宜选择红砖材料来堆砌，台面可用做旧的实木板，营造出乡村的感觉。

## 一看就懂的配色实例解析

### 1 大地色系+白色

**解析：白色墙面搭配棕色的地面。**

白色和米色结合使用，位于空间的顶面和墙面上，而大地色用在了地面上，形成了地面下沉的效果，搭配同色系的家具，朴实而厚重。

**解析：白色和棕色系搭配的家具。**

美式风格是具有历史痕迹和厚重感的，然而过于厚重的配色并不十分适合小空间，墙面家具使用白色，搭配大地色的地面和餐桌椅，大量的白色减弱了大地色的厚重感，显得明快，同时还不会破坏美式的感觉，很适合小户型。

### 2 大地色+蓝色

**解析：白色、蓝色搭配褐色、棕色。**

浊色调蓝色是比邻配色的一种演变，用它搭配白色和大地色，为原有美式的厚重感的配色增添了一丝清爽。

**解析：棕色与蓝色互相穿插的家具配色。**

墙面和地面都采用了柔和的色调，奠定了舒适、安逸的整体氛围。为了避免过于平淡，家具选择了棕色和蓝色相结合的木质款式，从配色和材料的选择上都符合了美式特点。

# ③ 大地色系

**解析：茶色为主，搭配少量白色。**

茶色的宽厚的布艺沙发，搭配米色和白色组合的墙面，还有一张造型奇特的木椅，朴素色彩，组合气派的造型，瞬间给人一种尊贵之感。

**解析：深棕色搭配棕黄色和米黄色。**

美国人喜欢有历史感的东西，这不仅反映在软家具的宽大、厚重上，同时也反映在对各种仿古墙地砖、石材的偏爱和对各种仿旧工艺的追求上。本案例采用大地色系的色彩组合，并搭配仿旧的木质材料和仿古地砖，彰显美式的风格特点。

# ④ 大地色+绿色

**解析：暗棕色搭配米色与绿色。**

暗棕色的沙发具有非常厚重的感觉，用米色和白色组合的条纹壁纸和格子布艺来冲淡它的厚重，使空间的配色得以均衡，绿色的植物、台灯和地毯为空间带来清新感。

**解析：暗棕色搭配白色和绿色。**

以具有美式风格特点的暗棕色家具为主角，搭配白色的墙面和米灰色的地面，使居室配色在沉稳中暗含一丝明快，浊色调的绿色用软床的形式加入进来，既不破坏整体感，又能够强化美式风格的悠闲感，还可以随时更换保持新鲜感。

## ⑤ 红色+绿色+大地色

**解析：大地色为主点缀红色和绿色。**

选用厚重感强的家具和地面，顶面墙漆为白色，凸显美式风格的自由感，在沙发上摆放一组红、绿组合的靠枕，丰富了配色的层次感，同时用稍微艳丽的色调冲破了暖色的沉闷。

**解析：红色、绿色搭配深棕色。**

地面选择了米灰色仿古砖，搭配厚实的木吊顶，凸显美式风格独有的历史气息，背景墙色彩淡雅，搭配深棕色家具，颜色方面与顶面颜色呼应。最后用具有对比感的绿色和红色做点缀，增添了一丝田园韵味。

## ⑥ 红色+蓝色+白色

**解析：红色、蓝色、白色以椅子的形式出现。**

比邻配色具有强烈的个性，特点是以条纹或米字旗的形式出现，然而红、蓝、白三色组合的条纹如果以满铺的形式用在大空间中，会让人有晕眩感，选择此种配色的家具是不错的主意。

**解析：相同的配色以不同的图案呈现出来。**

将比邻配色的条纹图案用在墙面上，使房间显得更高，再搭配同样配色的米字旗椅子，强化了美式民族特征，顶面和地面选择白色搭配灰褐色，形成了素雅的效果，能够使人们的视线聚焦在最有特点的墙面上，突出装饰重点。

# 东南亚风格家居配色

### 配色快照

①东南亚风格的家居配色源自于雨林，具有浓郁的民族特点和热带风情。

②东南亚风格的配色以大地色系为主，搭配艳丽的泰丝软装，例如红、蓝、紫、橙等，用跳跃的色彩减弱气候的沉闷。

③选材多为就地取材，木料、藤、竹等，甚至是椰壳也可作为装饰素材，崇尚自然拒绝过多的加工痕迹。

④此种风格的配色多以大地色系为主，搭配组合的色彩，这种方式异域感较浓。还有一种是素雅的黑、白、灰或加入深棕色的配色形式。

⑤若使用壁纸、布艺等装饰，建议采用热带图案的款式，例如椰子树、花草、热带雨林图等，与风格的特点相符，能够使风格特点更突出。

## 源自于热带雨林的配色

东南亚家居风格具有源自热带雨林的自然之美，以及浓郁的民族特色，它拥有独特的魅力和热带风情，崇尚自然，注重手工工艺而拒绝乏味，给人们带来浓郁的异域气息。东南亚地处热带气候闷热潮湿，在家居配色上常用夸张艳丽的色彩冲破视觉的沉闷，常见红、蓝、紫、橙等神秘、跳跃的源自于大自然的色彩。

▲选取木质、麻、竹等天然材料，搭配源于泥土和树木的大地色，充满了自然感和热带风情。

**一看就懂的东南亚风格家居配色分类**

## ① 大地色系

在东南亚风格中，大地色通常与白色一起出现，白色与大地色系的组合具有明度对比，兼具朴素感和明快感，此种南亚风配色适用人群广泛，在使用时根据室内面积调整配色比例即可。

## ② 多色彩组合

以大地色、无色系等色彩作为主色，紫色、黄色、橙色、绿色、蓝色等至少三种组合，通常作为点缀出现，是最具魅惑感和异域感的色彩搭配方式，最具东南亚特点。

## ③ 无色系

用无色系的黑色、白色、灰色做家居空间的主要色彩，搭配大地色系或少量色彩，是最具有素雅感的东南亚风格配色，它传达的是简单的生活方式和禅意。

## ④ 对比色

除了多种色彩组合做点缀外，还会出现对比色做点缀的情况，例如红色、绿色的软装饰组合，用在其他颜色的家具上，这种方式仍然能够活跃氛围，但开放感有所降低。

## 5 冷色系

　　冷色系做配色或点缀色，能够强化东南亚风格的异域风情，增添一些清新的感觉。紫色系具有神秘、浪漫的感觉，在东南亚风格中多搭配泰丝或者布艺来表现。

## 6 绿色+大地色系

　　用绿色搭配大地色，是具有泥土般亲切感的配色方式，东南亚风格中的此种配色当中，绿色和大地色之间的明度对比宜柔和一些。

### 配色或质朴或艳丽

　　东南亚风格的软装配色可分为两大类，一种是以原藤原木的原木色色调为主，或多为褐色、咖啡色等大地色系，在视觉上有泥土的质朴感，搭配布艺的恰当点缀，非但不会显得单调，反而会使气氛相当活跃；一种是用彩色做软装主色，例如红色、绿色、紫色等，墙面局部有时会搭配一些金色的壁纸，再配以绚丽的泰丝布艺，用夸张艳丽的色彩冲破视觉的沉闷，在色彩上回归自然。

▲无论何种配色方式的东南亚风格中，大地色都是不可缺少的基本色彩，与艳丽的色彩放在一起，能够使彼此的特点更突出，彰显异域风情。

**一学就会的配色技巧**

## 1 主要材料的色彩多质朴

东南亚风格的一个重要元素，就是木材和其他的天然原材料，如藤条、竹子、石材、椰壳、青铜和黄铜等的广泛运用，它们的色彩都比较质朴，家具大部分采用深木色，布艺多为丝绸，颜色则比较艳丽。

## 2 布艺色彩最具有代表性

色彩艳丽的布艺装饰是自然材料家具的最佳搭档，标志性的炫色系列多为深色系，在光线下会变色，沉稳中透着点贵气。深色的家具适宜搭配色彩鲜艳的装饰，而浅色的家具则适合选择浅色或者对比色。

## 3 可选自然类别的图案强化风格

壁纸、布艺属于东南亚风格中最常见的装饰，当空间中采用的配色较朴素时，可以选取相应的图案来增加层次感并强化风格，例如热带特有的椰子树、树叶、花草等图案均可。

## 4 米色可以弱化对比感

根据居住者年龄的不同，有的人喜欢明快的配色，有的人喜欢柔和的配色，如果是后者，可以米色的墙面来替代白色的墙面，与其他色彩特别是暗色搭配，就会显得柔和很多。

**一看就懂的配色实例解析**

## 1 大地色系

**解析：大地色为主搭配少量白色。**

以木材为原料的家具和墙面无论从色彩还是造型上都彰显出浓郁的东南亚特点，白色与蓝色的加入活跃了层次感，也增添了一丝清爽。

**解析：不同色调的大地色组合。**

设计师选择以棕色墙面和地面来彰显东南亚韵味，再组合深棕色的家具，使层次更明显，床面用白色和橙色结合的布艺，柔化了家具的沉重感，橙色又与墙面色彩在色系上有所呼应，使配色的整体感更强。

## 2 多色彩组合

**解析：大地色搭配米色及多色彩。**

咖啡色和米色两色为主的配色，搭配家具造型及材料运用，彰显南亚特点，加入一组红、绿、蓝色组成的靠枕，增添了绚丽感，使配色更开放。

**解析：蓝色、紫色、红色、褐色组合。**

本案设计师在同一空间中使用了蓝色、紫色、红色、黑色、褐色等多种色彩，通过渐变式的色彩搭配及各种材质的融合，并点缀以佛头等装饰，让空间充满了神秘、魅惑的东南亚风情。

## ③ 无色系

**解析：白色、灰色、黑色和金色组合。**

　　沙发采用了典型的泰式造型，但材质却比较现代，搭配暗金色的柜子、灯饰及棕色的角几，完美融合了现代感和东南亚韵味。

## ④ 对比色

**解析：蓝色和红色作对比。**

　　绛红色、朱红色、大红色、棕色等暖色为主的配色中穿插出现高纯度的蓝色，彰显出浓郁的热带雨林风情，妖媚中带着神秘，温柔与激情兼备。

## ⑤ 冷色系

**解析：紫色搭配紫红色和金色。**

　　紫色具有神秘感，结合薄纱、丝绸、布艺等材料，配以对比色及同类色的布艺，以及金色的墙面，塑造出低调奢华感的东南亚居室。

## ⑥ 绿色+大地色系

**解析：深棕色组合绿色和白色。**

　　白色和米色的明度差非常小，两者搭配能够具有微弱的层次变化，同时搭配暗棕色和浊色调的绿色，塑造出了素雅而又不乏细腻感的东南亚韵味。

# 新中式风格家居配色

**配色快照**

① 新中式风格采取了古典中式的精华部分，与现代造型相结合，采用融合型的配色，塑造出更符合现代人习惯的古雅风格。

② 新中式风格的配色主要有两种常见形式，一种是源自于民国和苏州园林配色的黑、白、灰组合，这种配色效果素雅；一种是源自于皇家的红、黄、蓝、绿等彩色，将它们和黑、白、灰或者大地色组合，此种配色较个性。

③ 若觉得黑、白、灰的组合过于素雅，可以用一些中式图案来调节层次感。

④ 若居住者的年龄比较年轻，可能不太喜欢过于厚重或素雅的颜色，可以使用鹅黄色来搭配蓝紫色或嫩绿色，为空间增添一些年轻的感觉，主色可使用无色系。

## 源自民国的朴素配色或源自皇家的高贵配色

新中式风格是将中式元素与现代材质巧妙糅合，它不是中式元素的堆砌，而是将传统与现代元素融会贯通的结合。新中式风格的家具多以深色为主，墙面色彩搭配有两种常见形式，一种以苏州园林和京城民宅的黑、白、灰色为基调；一种是在黑、白、灰基础上以皇家住宅的红、黄、蓝、绿等作为局部色彩。除了这些之外，古朴的棕色通常会作为搭配，出现在以上两种配色中。

▲ 新中式风格萃取了古典风格的精华，以更适合现代人习惯的配色方式装饰居室，让恰当的配色组合带有中式特点造型，就可以轻松地塑造出风格特征。

# 一看就懂的新中式风格家居配色分类

家居配色的基础知识

色彩对居室环境的影响

不完美配色的调整

家居配色与居住者

家居空间配色印象

Chapter 6

家居配色与装饰风格

## 1 白色/米色+黑色

　　若空间面积小一些，可以将白色做环境色处理，搭配黑色做重点色或选择黑白组合的家具，若面积足够宽敞，可适当扩大黑色的使用面积，使配色显得更坚实。

## 2 白色+灰色

　　两者组合作为主要配色，将其中一种作为主色，另一色为辅助色，具有苏州园林或京城民宅的那种优雅韵味。可以搭配一些色调相近的软装饰来丰富层次感。

## 3 无色系

　　黑、白、灰三色中的两色或三色组合作为配色主角，源于苏州园林的配色，偶尔加入金色或银色。装饰效果朴素、具有悠久的历史感，其中黑色可用暗棕色代替。

## 4 棕色

　　棕色可以说是现代中式风格中最常见的色彩，做主色或配色，具有亲切、朴素的感觉。最常与白色组合，若觉得白色过于直白可用米色替代，效果更柔和、温馨。

## 5 近似色

　　最常采用的近似色是红色和黄色，它们在中国古代代表着喜庆和尊贵，是具有中式代表性的色彩。将两者组合与大地色系或无色系搭配，能够烘托出尊贵的感觉。

## 6 对比色

　　对比色多为红蓝、黄蓝、红绿对比，与红色、黄色一样，同样取自古典皇家住宅，在主要配色中加入一组对比色，能够活跃空间的氛围。这里的彩色明度不宜过高，纯色调、明色调或浊色调均可。

## 7 中性色

　　紫色和绿色同属中性色，在新中式风格的配色中，紫色使用得比较多，它具有尊贵感和神秘感；绿色多作为点缀使用，在主要配色中加入绿色能够平和配色，使整体效果更舒适，中性色的色调同样要避免过于淡雅。

## 8 多色彩

　　选择红、黄、蓝、绿、紫之中两种以上色彩搭配，与如白色、大地色、灰色、黑色等组合，效果是所有新中式配色中最具动感的一种。色调可淡雅、鲜艳，也可浓郁，但这些色彩之间最好拉开色调差。

**一学就会的配色技巧**

家居配色的基础知识

色彩对居室环境的影响

不完美配色的调整

家居配色与居住者

家居空间配色印象

Chapter 6

家居配色与装饰风格

## 1 配色设计考虑整体感

中式风格设计的主旨是"原汁原味"的表现以及自然和谐的搭配方式。在进行色彩设计时需要对空间的整体进行全面的考虑，不要只是零碎的小部分的堆积，如果只是简单的构思和摆放，后期效果会大打折扣。

## 2 用中式图案调节层次

觉得平面的黑、白、灰有些单调，可以大胆地使用一些图案，例如将黑色和白色的墙漆涂刷成条纹的形状，再搭配少量的高彩度色彩做点缀，仍然是无色系为主角，但却个性许多。

## 3 灰、白、咖组合塑造安定为氛围

咖色虽然是暖色，但是却具有中性的感觉，尤其是用木材展现的时候，如果空间够大，选择咖色的家具，搭配白顶、灰色地面，墙面用咖色和白色穿插，朴素而具有禅意。

## 4 年轻人可用鹅黄色

年轻的居住者可使用鹅黄色搭配紫蓝色或嫩绿色来装饰中式居室。鹅黄色是一种清新、鲜嫩的颜色，代表的是新生命的喜悦。如果绿色是让人内心感觉平静的色调，就可以中和黄颜色的轻快感，让空间稳重下来。

## 一看就懂的配色实例解析

### 1 白色/米色+黑色

**解析：黑色搭配米色和白色。**

色彩的分布呼应造型设计，采用对称式的布局，但色相的搭配则柔和、细腻中不乏厚重感，给人舒适的视觉享受。

**解析：各色调的蓝色与白色组合。**

用具有厚重感的黑色木质做墙面背景色，搭配同色边框的白色沙发，展现出新中式风格稳重而质朴的一面。其中，少量金色的加入，增添了一点儿低调的奢华感。

### 2 白色+灰色

**解析：白色搭配淡蓝色和灰色。**

中式装修如果喜欢用白色，又怕显得惨淡，可以用白色组合灰色，再加入一些蓝色，清爽而又素雅，使人心情舒畅。

**解析：深棕色搭配白色和灰色。**

墙面部分采用深棕色木质材料，搭配棉、麻材质的白、灰组合的布艺，大块面较朴素，却并不显得过于缺乏生活气息，这样的搭配更实用、更符合现代人的习惯。

家居配色的基础知识

色彩对居室环境的影响

不完美配色的调整

家居配色与居住者

家居空间配色印象

Chapter 6 **家居配色与装饰风格**

# ③ 无色系

**解析：黑色为重点色组合灰、白环境色。**

浅灰色用在墙面，深灰色用在椅子上，搭配黑色的木质框架，以及白色的抱枕，塑造出内敛，朴素的视觉效果。

**解析：灰色组合白色，用深棕色代替黑色。**

用淡灰色和深棕色为主色，加入一些白色，将黑白灰组合中的黑色换成了深棕色，比起黑色更温和一些，素雅的整体氛围中投射着肃穆感，不张扬但能够使人感受到博大精深的气息。

# ④ 棕色

**解析：暗棕色与米灰色组合。**

暗棕色和米灰色穿插，并用具有传统中式造型感觉但造型更现代的家具表现出来，塑造出一种具有庄重感的氛围，再配以古琴，将现代与古典完美融合。

**解析：大地色和黄色搭配。**

黄色在中国古代是只有皇帝才能够使用的颜色，它一直代表着尊贵，用黄色与不同明度的大地色系搭配，沉稳而具有尊贵感。空间整体的色调相差不大，虽然使用了黄色，也不显得有刺激感，反而非常高雅。

## ⑤ 近似色

**解析：蓝灰色和淡黄绿色组合。**

选择具有中式代表性的淡黄绿色底色的花鸟图案壁纸做背景墙，搭配同系列图案的柜子和蓝色为主的床品，时尚而不乏古雅感。

**解析：白色背景下，黄色和红色组合。**

在白色的布艺下，皇家经典的黄色和红色组合被映衬得特别引人注目，与床的棕色框架组合，具有尊贵、古典的韵味，而布艺上的古典花纹，将这种韵味强化得更加浓郁。

## ⑥ 对比色

**解析：红色和蓝色对比与白色搭配。**

蓝色用花纹的形式用在墙面上，而深红色作为布艺软装使用，两者中间是白色的床具，使两种色彩的对比感更强。

**解析：红色和蓝色对比与淡棕色搭配。**

淡棕色占据墙面上的大部分面积，搭配梅花花纹，使古典氛围成为主导，加入黑白结合的沙发，以及蓝色的靠枕和红色的花束形成对比，增强了配色的张力，虽然对比色的面积很小，但在素雅的背景下，给人深刻的印象。

## 7 中性色

**解析：紫色、绿色组合蓝色。**

本案例整体的配色相对于棕色系来说比较轻盈且时尚，窗帘采用孔雀蓝色，家具用米黄色和紫色组合的中式造型搭配蓝色和绿色为主的抱枕，虽然具有古典神韵，却并不厚重。

**解析：绿色和大地色系搭配。**

墙面采用浅茶色，搭配棕红色的家具，整体感觉复古而厚重，而床品采用了绿色和蓝色的组合，并采用丝绸材质，弱化了原有的沉闷感，为古典风格注入了一丝清新却并不显得突兀。

## 8 多色彩

**解析：孔雀蓝、粉色、绿色组合。**

孔雀蓝是一种具有高贵感的蓝色，大面积地使用孔雀蓝的窗帘，为米色和棕色结合的空间带来情趣，再加入几个粉色、绿色和米色组合的抱枕，展现出独特而个性的新中式风格。

**解析：蓝色、黄色、绿色组合。**

蓝色带有中式图案的抱枕组合绿色和白色搭配的沙发，配以造型古典、明亮色调的黄色座椅和台灯，以及深蓝色现代图案的地毯，塑造出了具有时尚范儿的古典意境。

家居配色的基础知识

色彩对居室环境的影响

不完美配色的调整

家居配色与居住者

家居空间配色印象

家居配色与装饰风格

Chapter 6

# 新古典风格家居配色

## 配色快照

①新古典风格是将欧式古典风格与现代生活需求相结合，色彩搭配高雅而和谐，是一种多元化的风格。

②它保留了古典主义的部分精髓，又简化了线条和配色方式，白色、金色、暗红色是新古典风格中最常见的颜色。

③新古典风格与中式风格有着尊贵、典雅的共同点，在进行家居装饰时可以将两者结合，选一种共有的颜色，而后分出主次，就可以混搭。

④新古典风格的软装饰多为低彩度，布艺以棉织品为主。

⑤追求素雅的效果，可以将黑、白、灰组合作为主色，添加少量金色或银色能够增添华丽感；追求厚重的效果，可以用暗红、大地色做主色；追求清新的感觉，可以将蓝色作为主色。

## 色彩组合高雅、和谐

新古典风格将怀古的浪漫与现代人对生活的需求相结合，兼容典雅与现代，是一种多元化的风格。一方面保留了古典主义材质、色彩的大致风格，仍然可以很强烈地感受传统的历史痕迹与浑厚的文化底蕴，同时又摒弃了古典主义复杂的肌理和装饰，简化了线条。高雅而和谐是新古典风格色彩设计给人的感觉。白色、金色、米黄、暗红是新古典主义风格中常见的色调。

▲以白色为主的新古典风格配色都比较高雅、整洁，容纳力也非常强，加入任何色彩搭配都不显突兀。

# 一看就懂的新古典风格家居配色分类

## ① 黑、白、灰

　　黑色、白色、灰色中的两种或三种组合作为空间中的主要色彩，背景色多使用白色，搭配同类色，效果朴素、大气而不乏时尚感。

## ② 蓝色

　　在新古典家居中，蓝色多与白色、米色或米黄色搭配，高明度蓝色的应用比较多，暗色系则比较少见，此种色彩组合能够形成一种别有情调的氛围，十分具有清新自然的美感。

## ③ 绿色

　　绿色很少大面积地运用，通常是用作点缀色或辅助色使用，与白色、蓝色或米色组合，能够塑造出具有清新感的新古典氛围。

## ④ 紫色

　　淡紫色具有一些蓝色的特征，但更浪漫一些，用紫色装饰新古典家居时，大面积使用的色调都比较淡雅，做配色可浓郁一些，能够塑造具有典雅感的氛围。

家居配色的基础知识

色彩对居室环境的影响

不完美配色的调整

家居配色与居住者

家居空间配色印象

Chapter 6

家居配色与装饰风格

## ⑤ 白色+金属色

　　最典型的搭配是与白色组合，纯净的白色配以金、银、铁的金属器皿，将白与金不同程度的对比与组合发挥到极致。除此之外，与黑、白两色或者蓝色、米黄、暗红等组合，也十分具有新古典特征，具有低调的奢华感。

## ⑥ 米色/米黄色+暗红色

　　米色或米黄色与暗红搭配，少量地糅合白色或黑色，是最接近欧式古典风格的配色方式。这种配色方式带有一点儿明媚、时尚的感觉，用黑白花纹的软装装饰效果更好。

## ⑦ 大地色

　　大地色系内的两到三种色彩组合，如棕色系、暗红色、茶色系等，厚重、亲切而古典。这是泥土等天然事物的颜色，再辅以土生植物的深红、靛蓝，加上黄铜，便具有一种大地般的浩瀚感觉。

## ⑧ 白色/米色+大地色

　　以白色或米色搭配大地色系，给人以开放、宽容的非凡气度。以白色或米色为主色时，能够塑造出具有柔和的明快感、亲切感的新古典韵味。若以大地色为主色，白色或米色辅助，则具有厚重感和古典感。

# 一学就会的配色技巧

家居配色的基础知识

色彩对居室环境的影响

不完美配色的调整

家居配色与居住者

家居空间配色印象

家居配色与装饰风格

Chapter 6

## ① 可与中式混合搭配

无论是家具还是配饰均优雅、唯美，彰显高雅的贵族气质。在设计新古典风格的软装时，还可以将欧式古典家具和中式古典家具摆放在一起，使东方的内敛与西方的浪漫相融合，塑造中西合璧的尊贵感。

## ② 新古典的分类及代表色

英式新古典风格的代表配色为深红色、绛紫色、深绿色等；法式新古典风格的代表配色为金色与浅色背景搭配；欧式新古典的常用色彩包括白色、金色、石青色、灰色、淡蓝色、灰绿色、黑色等。

## ③ 软装多见低彩度

软装饰的种类很多，包括油画、水晶宫灯、罗马古柱、蕾丝垂幔等，都是点睛之物。窗帘、桌巾、沙发套、灯罩等均以低彩度色调和棉织品为主，如薄纱透光窗帘、藤制灯饰。

## ④ 可根据家具的色彩进行配色

新古典风格的家具常用白色、金色、黄色、暗红色，少量白色糅合，使色彩看起来明亮。如果对配色没有把握，可以先选择家具，而后再根据家具进行配色，就不容易造成层次的混乱。

一看就懂的配色实例解析

## 1 黑、白、灰

**解析：白色为主色搭配黑色和灰绿色。**

黑、白两色为主，塑造出肃穆、端庄的基调，灰绿色作为辅助色加入，以沉稳的色调调和了氛围和层次感。

**解析：黑、白、灰与米灰色组合。**

本案例设计师将明度最低的黑色放在了墙面上，灰色放在了白色和黑色之间，虽然没有彩色，但仍具有动感，却不会破坏素雅的感觉。墙面用米色，弱化了强烈的色调对比，使整体配色效果更柔和。

## 2 蓝色

**解析：蓝色与灰绿色和深棕色组合。**

浊色调的蓝色做重点色，搭配灰绿色墙面与深棕色的柜子和窗帘，再点缀少量的金色，尊贵而与众不同，彰显品位。

**解析：暗蓝色搭配米灰色、灰色和黄色。**

墙面采用米灰色，雅致又柔和，搭配暗蓝色的床和床品，在点缀浅灰色、白色和黄色，具有冷峻而充满力量的感觉，具有独特的情调，是比较个性的新古典配色，融合现代感较多。

## ③ 绿色

**解析：绿色搭配白色和橙色。**

浊色调的绿色用在了墙面上与白色石材壁炉搭配，清新而不会过于鲜嫩，搭配绿色与纯色调的橙色搭配的椅子，配色大胆，却不乏新古典精髓。

**解析：白色、银色、黑色搭配浊色调绿色。**

背景色中无论是白色、银色还是黑色都比较素雅，选择一组绿色为主的软装饰加入其中，使视线集中在重点色上，让空间中的主、次关系更分明。绿色的使用，为新古典居室增添了些许舒适、惬意的感觉。

## ④ 紫色

**解析：不同色调的紫色搭配米灰色和米黄色。**

深紫色、浅紫灰色和米灰色占据了空间中的中心位置，用它们来搭配米黄色的墙面，典雅而具有一丝浪漫感。银色存在于家具的边框的不太主要的位置，增添了一丝低调的奢华感。

**解析：深紫色搭配大地色系。**

本案例的空间面积较大，采光也有保证，所以用深紫色装饰墙面不会觉得不舒服，同时搭配不同色调的大地色组合的家具，富有情调而又个性，很适合举架比较高的空间。

## ⑤ 白色+金属色

**解析：白色搭配浅金色和黑色。**

纯净的白色配以少量的金色边框及饰品，高雅而华美，黑色的加入调节了层次感，且强化了新古典韵味。

**解析：白色搭配灰色和金色、银色。**

在纯净的白色背景下，设计师搭配了一张灰色的椅子，以及金色和银色组合的装饰品，经过磨砂处理的金属质感与椅子上的布艺形成了质感上的碰撞，彰显出新古典时尚的一面。

## ⑥ 米色/米黄色+暗红色

**解析：米色搭配暗红色和暗橙色。**

本案例设计师将大地色系用在了地面上，并选择了块面图案，墙面采用米色与地面形成层次，家具选择了暗红色的古典椅和暗橙色的现代椅，融合了时尚与古典。

**解析：暗红色搭配白色和米灰色。**

深暗的红色非常具有古典、厚重的感觉，用在墙面上与白色床头搭配，是最具代表性的新古典配色，又加入了米灰色为主的床品，增添了一些柔和感，将明度最高的白色夹在中间，为居室增添了一些动感。

# 7 大地色

**解析：深棕红色搭配淡紫灰色。**

家具全部使用了深棕红色的木质材料，搭配淡紫灰色的墙面和床品，虽然棕红色非常厚重，但色彩的间隔排列，减轻了这种感觉，增添了舒适感。

**解析：大地色组合搭配黑色。**

若追求偏向时尚感一些的新古典，可以在墙面上做典型的欧式造型，而选择家具时，可以选择较为现代的款式，再配以大地色系的色彩，就会有厚重而又古典的感觉，若加入黑色则显得更为坚实。

# 8 白色/米色+大地色

**解析：白色搭配深棕色。**

本案例设计师选用用白色与深棕色组合塑造新古典风格，虽然深棕色用在了墙面上，但镂空的造型处理和大量白色的搭配并不显得沉闷，反而具有品质感。

**解析：白色、灰色搭配茶灰色。**

用带有金色边框的茶灰色木质搭配灰色软包作为墙面色彩，华丽但不奢侈。再配以白色和灰色组合的床品，更是增添了一丝朴素感，非常符合新古典风格所要表达的意境。

# 地中海风格家居配色

## 配色 快照

① 地中海风格的家居具有亲和力和田园风情，色彩组合纯美、奔放，色彩丰富、明亮、大胆。

② 最常见的地中海配色是蓝色和大地色，蓝色与白色组合，源自于希腊海域；大地色具有浩瀚感和亲切感，源自于北非地中海海域。

③ 除了以上常见色彩外，还有一些扩展的色彩，例如如阳光般的黄色、树木的绿色、花朵的红色等，也常出现在地中海风格中。

④ 材料多使用自然材质，如藤、麻、木料等，绿植多为爬藤类或者小盆栽，造型以拱形为代表，灯具多为黑色或大地色的做旧处理铁艺。

⑤ 布料的色彩多为低彩度，如果觉得单调，可以搭配具有海洋元素的图案，例如船锚、帆船等。

## 纯美的配色方案

地中海风格以其极具亲和力的田园风情及奔放的色调组合被人们喜爱，它自由奔放，色彩丰富，配色纯美、明亮，大胆、简单、具有明显的民族性、有显著特色。

塑造地中海风格配色往往不需要太大的技巧，只要保持简单的意念，捕捉光线、取材大自然，大胆而自由地运用色彩、样式即可。

▲地中海海域广阔，不同区域有不同配色特点，最常见的有大地色系和蓝白配色。

**一看就懂的地中海风格家居配色分类**

家居配色的基础知识

色彩对居室环境的影响

不完美配色的调整

家居配色与居住者

家居空间配色印象

Chapter 6

**家居配色与装饰风格**

## 1 白色+蓝色

　　源自于希腊的白色房屋和蓝色大海的组合，具有纯净的美感，是应用最广泛的地中海配色。白色与蓝色组合的软装犹如大海与沙滩，源自于自然界的配色使人感觉非常协调、舒适。

## 2 米色+蓝色

　　与白色和蓝色的组合相比，用米色组合蓝色显得更柔和，通常还是有白色加入进来，与米色形成微弱的层次感。

## 3 蓝色+对比色

　　用蓝色搭配黄色、红色等，配色方式源于大海与阳光，视觉效果活泼、欢快。可用蓝色做环境色点缀黄色或红色，将白色加入进来；也可将蓝色作为重点色，将黄色用在墙面上。

## 4 蓝色+绿色

　　用蓝色与绿色组合，此种色彩组合象征着大海与岸边的绿色植物，给人自然、惬意的感觉，犹如拂面的海风般舒畅。

## 5 大地色

土黄色系或者红色色系，都是大地色系，扩展来说还有旧白色、蜂蜜色等，色彩源于北非特有的沙漠、岩石、泥土等天然景观的颜色，装饰效果具有亲切感和土地的浩瀚感。

## 6 大地色+蓝色

大地色系搭配蓝色系，是将两种典型的地中海代表色相融合，兼具亲切感和清新感。配色时，追求清新中带有稳重感，可将蓝色作为主色；若追求亲切中带有清新感，可将大地色作为主色，蓝色点缀或者辅助。

## 7 大地色+绿色

大地色系搭配绿色，是源自于土地与自然植物的配色方式，比起其他风格的此类配色方式，地中海风格中的大地色要更偏向红色一些，且绿色多作为点缀、辅助或窗帘出现，基本不做重点色。

## 8 大地色+多色彩

大地色系同时搭配红色、黄色、橙色等暖色系色彩及蓝色、绿色之中的几种，这些色彩的明度和纯度低于纯色，会更容易获得协调的效果，视觉上会感觉更舒适。

## 一学就会的配色技巧

### 1 本色呈现为配色最大特点

地中海海域广阔，色彩非常丰富，并且光照足，所有颜色的饱和度也很高，均体现出色彩最绚烂的一面。所以在地中海风格的家居中，配色特点就是，无须造作，本色呈现。

### 2 家具多为自然材质

家具多通过擦漆做旧的处理方式，尽量采用低彩度、线条简单且修边浑圆，搭配贝壳、海星、船锚、鹅卵石等，表现出自然清新的生活氛围。材质一般选用自然的原木、天然的石材等，用来营造浪漫自然。

### 3 布艺多为低彩色调

窗帘、桌巾、沙发套、灯罩等均以低彩度色调和棉织品为主是地中海风格的一个显著特点，在绿植方面爬藤类植物是常见的居家植物，小巧的绿色盆栽也常见，大型盆栽很少使用。

### 4 选择带有海洋元素的壁纸

在进行地中海风格的装饰时，除了配色要具有地中海特点外，还可以搭配一些海洋元素的壁纸或布艺，例如帆船、船锚等，来增强风格的特点，使主题更突出，带图案的材质颜色宜清新一些。

# ①白色+蓝色

**解析：淡蓝色用在墙面搭配白色家具。**

顶面和家具采用白色，搭配蓝色背景墙，彰显清新、凉爽的海洋韵味，地面选择棕色木质地板柔化了白色的冷清感，使氛围更舒适。

**解析：各色调的蓝色与白色、茶色组合。**

清淡的蓝色重复地出现在墙面、沙发及小装饰上，且采用了不同的纯度进行组合同时搭配，使蓝色的清新感更加浓郁，茶色的藤制沙发座，增添了柔和感。

**解析：蓝色与白色穿插组合。**

竖向蓝白条纹的壁纸除了能够塑造出地中海风格特点外，还能够拉伸房间的高度，虽然使用的面积不大，也具有这种作用，搭配白色墙面和蓝色为主的沙发组，清新、爽快。

**解析：白色与蓝色以块面和图案的形式组合。**

以蓝、白为主要配色的方式使空间显得明亮、清新，墙面使用拱形造型具有地中海特征，蓝色和白色以不同图案融合在一起相组合，使空间虽然色彩较少，但仍然具有丰富的层次。

## ② 米色+蓝色

**解析：米色为主，蓝色做点缀。**

白色墙面搭配米色系的沙发，使人感觉非常细腻，加入蓝色的靠枕和地毯，增添了清新感，两种不同色调的蓝色，呈现出不同的韵味。

**解析：米色、米灰色和蓝色组合。**

蓝色单人沙发和地毯非常清雅，用其搭配米色麻质沙发和棕色木质茶几，既有层次感又能够展现风格特点。木质茶几的加入增添了一点儿大地和自然的气息，也丰富了配色的层次。

## ③ 蓝色+对比色

**解析：白色搭配蓝色和红色对比。**

纯净的白色占据最大面积，分布在顶面、墙面及大部分家具上，而后搭配深蓝色和少量红色，虽然红色和蓝色是对比色，但色调的调节使这种感觉并不强烈。

**解析：黄色、蓝色对比搭配白色。**

温柔的米黄色犹如夕阳，衬托着不同明度的蓝色和米色组成的家具，将海岸的感觉本色地呈现出来。这里黄色和蓝色分别调整了色调，对比感并不激烈，虽然地中海家居需要的是纯美的配色，但并不需要过于刺激、激烈。

## ④ 蓝色+绿色

**解析：白色为主色搭配少量蓝色和绿色。**

白色为主体现整洁感和宽敞感，深绿色作为布艺出现、蓝色用在相框上，这种配色方式，犹如清风拂面，使人感觉心旷神怡。

**解析：米色、蓝色、白色组合绿色。**

以蓝白为主要配色的方式使空间显得明亮、清新，一部分墙面使用了米色，增添了一丝温馨感，使效果更舒适避免冷清。绿色柜子摆放在蓝白条纹的壁纸前，丰富了配色，避免了过于冷清的感觉。

## ⑤ 大地色+蓝色

**解析：茶灰色搭配蓝色和白色。**

茶灰色的家具使用了藤和木质材料，比起棕色等颜色显得非常素雅而没有厚重感，与蓝色和白色结合的壁纸搭配，清新而朴素。

**解析：浅茶色搭配蓝色、灰色和白色。**

为了增加空间的层次感，运用了相似与对比等不同的配色手法。浅茶色壁纸与蓝色造型墙形成对比，搭配白色和灰色结合的床品，营造出纯净、恬淡的空间。

# 6 大地色

**解析：红棕色搭配米黄色和浅米灰色。**

红棕色的顶面、家具及部分墙面表现出厚重、浩瀚的感觉，为了避免过于厚重，墙面大部分采用了浅米黄色，并搭配了两张米灰色为主的沙发。

**解析：深棕色搭配浅米黄和蓝色等。**

以棕色木质和米灰色麻组合的家具，搭配浅米黄色墙面和米黄色地面，使空间的轻重平衡，也表现了除北非地区以外地中海的沧桑、亲切的特点。蓝色为主的壁画和拱形造型，强化了地中海的主题。

**解析：棕色家具和白色墙面搭配。**

白色的墙面搭配棕色的木质顶面、木质家具及餐椅，彰显出厚重、沉稳的感觉，加以极具地中海风格特点的材质组合，塑造出具有北非特点的地中海风情。

**解析：淡米黄色、深棕色和橘粉色。**

深棕色穿插在淡米黄色的拱形墙面中，使人感觉亲切、温馨，墙面及家具使用浅色，而家具部分以深色为主的形式显得居室更明朗、宽敞。橘粉色的窗帘飘扬在一侧，增添了一丝甜美感。

## ⑦ 大地色+绿色

**解析：浅米黄、灰白色和暗棕色组合。**

灰白色的沙发带有一点点灰色，比纯白更素雅，搭配暗棕色的家具和浅米黄的墙面，体现了多种韵味的融合。

**解析：浅米黄色搭配白色和绿色。**

浅米黄色做基调占据空间中最大面积，淡雅而带有黄色愉悦的特点。木质材质的床与拱形造型的哑口呼应，配以白色和绿色的床品，将地中海风格和田园韵味完美融合。

## ⑧ 大地色+多色彩

**解析：亚麻色组合蓝色、绿色、橙色等。**

白色的木条墙面具有船板的感觉，搭配亚麻色的床和蓝色、绿色、橙色等多色组合的床品，犹如坐在船上欣赏海洋风景，让人心情舒畅。

**解析：褐色搭配蓝色、金色、红色等。**

墙面以褐色为主并采用了木纹砖，表现自然感，家具以大地色系为主，搭配了一张蓝色和金色组合的椅子以及红色、黄色渐变的坐墩，既满足了北非淳朴的韵味又兼具了热带雨林风情。